普通高等教育农业农村部"十三五"规划教材
全国高等农林院校"十三五"规划教材
面向21世纪课程教材

微生物学
实验指导

第三版

何 健 主编

中国农业出版社
北 京

第三版编审人员

主 编	何 健	南京农业大学
副主编	吴晓玉	江西农业大学
	姜巨全	东北农业大学
	林海萍	浙江农林大学
	樊 奔	南京林业大学
	于汉寿	南京农业大学
参 编	王 飞	江西农业大学
	洪 青	南京农业大学
	何琳燕	南京农业大学
	纪燕玲	南京农业大学
	胡 钢	南京农业大学
主 审	李顺鹏	南京农业大学

第一版编审人员

主　编	李顺鹏	南京农业大学
副主编	李玉祥	南京农业大学
	唐欣昀	安徽农业大学
参　编	孙军德	沈阳农业大学
	高勇生	江西农业大学
	崔中利	南京农业大学
	盛下放	南京农业大学
	何　健	南京农业大学
主　审	闵　航	浙江大学

第二版编审人员

主　编	李顺鹏	南京农业大学
副主编	于汉寿	南京农业大学
	唐欣昀	安徽农业大学
	吴晓玉	江西农业大学
参　编	孙军德	沈阳农业大学
	崔中利	南京农业大学
	盛下放	南京农业大学
	何　健	南京农业大学
主　审	闵　航	浙江大学

第三版前言

《微生物学实验指导》（第三版）为普通高等教育农业农村部"十三五"规划教材和全国高等农林院校"十三五"规划教材，其特色是内容简明扼要、重点突出和实用性强，适合作为普通高等农林院校生物类专业和大农学类专业（农学、林学、森保、园艺、植保、资环和食品等专业）学生的微生物学实验教材，也可作为从事农业生物产品开发与检验、食品加工和环境保护等技术人员的实验技术参考书。

近年来，微生物学和分子生物学理论和技术体系飞速发展，微生物学前沿新技术和新方法层出不穷，因此需要在实验内容上进行补充完善，以适应新时代学生培养和学科发展的需要。同时我国社会、经济迅猛发展和科技水平的整体提高对人才培养提出了更高的要求，急需对原有第二版教材进行必要的修订。

《微生物学实验指导》（第三版）的编写在整体思路上仍然遵循第一、二版的原则和整体架构，即分三个部分。第一部分为微生物学实验基本技术简述，主要介绍微生物观察、染色、分离纯化、灭菌消毒、接种、鉴定和保藏等基本操作技术的原理、基本过程和所用到的仪器设备。第二部分为具体的微生物学实验，共分为五章28个实验。第三部分为附录，主要是微生物学实验常用数据和材料。

本版教材在第二版的基础上，广泛吸收师生的意见和建议，对部分图表进行重新设计和更新，使之更加精致、易懂和紧跟时代，并针对学科发展和社会需求，增加部分内容，具体情况如下：在第一部分"微生物学实验基本技术"中的"微生物显微技术"中增加倒置和冷冻显微镜的介绍，增加扫描和透射电子显微镜的实物图片；在"微生物富集分离技术"中增加微流控分离、流式细胞术分离、激光分离和磁珠分离等新兴的生物单细胞分离技术的介绍；在"灭菌和消毒技术"中增加 γ 射线灭菌的介绍；在"微生物鉴定技术"中增加 ANI 和数字 DDH 分析的介绍；在"微生物保藏技术"中对国内外知名菌种库介绍信息进行了更新。在第二部分"微生物学实验"的"微生物生理特性"中对微生物的温度、盐浓度和不同抗生素对微生物生长的影响检测方法进行改进，对实验记录表格进行了修改，实验"微生物的抗生素抗性"修改为"抗药性突变株的筛选"；"微生物遗传与分子生物学"中删除了实验"微生物诱变育种——紫外光诱变"，增加了实验"细菌的转化——电穿孔法"，并对其他几个实验的步骤进行了改进。

由于编者水平有限，本书不足之处在所难免，敬请各位读者和同仁批评指正。

编　者

2021 年 3 月

微生物学是一门实验性很强的学科，微生物学实验是微生物学的重要组成部分，微生物学实验的理论和方法已经广泛地渗透到现代生命科学的各个领域，发挥着重要作用，微生物学实验已经成为一门十分重要的生物科学基础课实验。

《微生物学实验指导》是与《微生物学》第五版的理论课教学配套的微生物学实验教学指导书。本实验指导的使用对象主要是把微生物学作为专业基础课的农学、园艺学、农业化学、植物营养、环境保护等生物学类和大农学类的学生，也可作为一般涉及微生物研究的工作人员进行一般微生物学实验的参考指导。

为适应现代理论教学与实验教学自成体系的特点，我们在实验指导前面编入微生物学实验的基本理论部分，以帮助使用者对有关理论问题进行回顾和深入，加深实验课的教学质量。本实验指导围绕微生物学实验四大技术，主要收纳最基本的有关微生物学研究实验，希望为初学习者建立一个良好的实验微生物学知识平台。通过学习掌握基本的微生物学实验技能，了解微生物学实验室一般仪器设备的原理与使用方法，了解微生物学实验的设计与实验实施，为学生以后的工作奠定良好的基础。

为了引导学生的创新和开拓精神，本书在每一个实验后列出了思考题，以帮助学生复习总结，并在实验操作中列出注意事项，以确保实验的成功。本实验指导共安排了 20 个实验，可供各校根据具体条件酌情选做。书后附有详细的附录和参考书，供读者查阅和参考。

本实验指导的编写除上述编委会八位同志外，还有南京农业大学于汉寿、赵明文、钟增涛、杨兴明等同志参加编写。由于水平和时间有限，本书不足之处在所难免，请读者和同行专家提出宝贵意见。

本书承浙江大学生命学院闵航教授主审，对全书进行了仔细的审阅和修改，谨表示衷心的感谢。

编　者

2003 年 3 月

第二版前言

自 2003 年《微生物学实验指导》(面向 21 世纪课程教材) 出版已有十余年，十余年中微生物学科及其技术方法都有了飞速发展。由于现代人才培养中对学生实验技能更加重视，实验教学改革不断深入，实验条件也大大改善，作为实验课程的教材必须适应新的人才培养要求。所以，我们在第一版的基础上对部分实验内容进行了修订，同时扩展和补充了新的体现基础性、可操作性、先进性及实用性强的实验内容。修订内容主要体现在以下几个方面：

1. 实验内容

(1) 第一部分微生物学实验基本技术中增加了"微生物鉴定技术"和"微生物保藏技术"。

(2) 第二部分微生物学实验中，由原来的 20 个实验增加到 27 个，并根据实验的内容分为 5 章。每个实验增加了"实验结果与分析"和"注意事项"，许多实验增加了实验的流程图，以帮助读者更好地理解实验。

2. 编排形式　统一了编排形式，每个实验简明扼要地列出实验目的和要求、实验内容、实验原理、实验材料、实验步骤与方法、实验结果与分析、注意事项以及问题与思考。

3. 插图和表格　对第一版中的部分图表进行了修正，同时增加了部分图表。补充了附录和参考文献。

第二版继续保持第一版简明扼要、重点突出、实用性强的特点，并从多方面进行了扩展与补充，各校在使用教材时可根据具体条件酌情选做。

参加本书修订工作的单位有：南京农业大学、江西农业大学、安徽农业大学、沈阳农业大学等。除编委会 8 位同志外，南京农业大学洪青、何琳燕、纪燕玲、蒋建东、徐冬青、黄星、闫新、郑会明、师亮、赵明文及江西农业大学王飞等同志也参与了编写。他们都是多年从事微生物学教学的一线教师，教学经验丰富。

本书特别适合作为农林院校本科生和专科生的微生物学实验教材，亦可作为其他院校相关专业参考教材，对从事微生物学研究的科研人员也有一定参考价值。

本书第二版仍由浙江大学闵航教授主审，闵航教授对全书进行了仔细的审阅和修改，并提出宝贵意见，谨此表示衷心的感谢。

由于编者水平有限，本版的缺点和错误在所难免，敬请各位同仁和读者批评指正。

编　者

2014 年 6 月

目 录

01

第一部分
微生物学实验基本技术

一、微生物显微技术

绝大多数微生物个体远远低于肉眼的观察极限，其形态和结构只有通过显微镜才能进行观察和研究。微生物个体微小的特点决定了显微技术是进行微生物研究的一项重要技术。显微技术包括显微标本的制作、观察、测定和分析等一系列内容。1676 年，列文虎克利用自制的单式显微镜首次发现了细菌。1941 年，马德等发表了第一批细菌细胞的电子显微镜照片，电子显微镜的发明以及引入了计算机技术标志着显微技术进入了新的发展阶段。光学显微镜的分辨率极限约 0.2 μm，电子显微镜的分辨率可达到 0.2 nm，是光学显微镜的 1 000 倍，这使微生物研究进入了超微水平。

（一）普通光学显微镜

普通光学显微镜（normal microscope）是由一组机械支持及调节系统、光学放大系统组成的（图 1-1-1）。

1. 机械支持及调节系统 机械支持及调节系统是整个显微镜的骨架，对光学放大系统起支撑和调节作用，部件包括镜座、镜臂、镜台、物镜转换器、镜筒和粗细调节旋钮等。

镜座：镜座是显微镜的基座，可使显微镜平稳地放置在桌面上。

镜臂：镜臂用于支撑镜筒、镜台和调节系统。

镜台：镜台又称载物台，是放置标本的地方，多为方形，镜台上有标本固定和位置移动系统，用于固定标本和在平面上移动；标本固定和位置移动系统上附带有标尺，可用于标本定位。

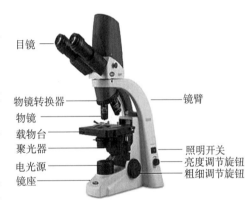

图 1-1-1 普通光学显微镜

镜筒：镜筒是连接物镜和目镜的金属筒，其上端插入目镜，下端和物镜转换器相连接。

物镜转换器：物镜转换器安装在镜筒下端，用于装配物镜，装配有 4～6 个不同放大倍数的物镜，转动物镜转换器可以选择到合适的物镜。

粗细调节旋钮：粗细调节旋钮位于镜臂基部，用于调节焦距。

2. 光学放大系统 光学放大系统架构于机械系统上，包括目镜、物镜、聚光器和光源。

目镜：目镜的作用是使物镜放大了的实像再放大一次，且物像由此进入观察者眼中。目镜一般由两块透镜组成，上面一块称为接目透镜，下面一块称为场镜，在两块透镜之间或在两块透镜下方有一个由金属制成的环状光阑，又称视场光阑。物镜放大后的中间像就落在视场光阑处，目镜测微尺也应安装在视场光阑处。

物镜：物镜安装在物镜转换器上，其作用是对标本进行第一次成像，是显微镜中很重要的部件，其质量的好坏直接关系到成像的质量。物镜的性能以数值孔径（numerical aperture，*NA*）的大小来衡量，*NA* 定义为物镜透镜与被检物体之间介质的折射率（η）和镜口角（μ）一半的正弦的乘积，即：

$$NA=\eta\sin（\mu/2）$$

显微镜所能辨别物体两点之间最小距离为分辨率，以δ表示，其计算公式如下：

$$\delta=\lambda/2NA$$

从公式中可以看出，NA越大，则δ值越小，另外选择波长较短的光源及增大介质的折射率也可以降低δ值。

日光的平均波长λ为$0.56~\mu m$，如果NA为1.4，则$\delta=0.56/（2\times1.4）=0.20$（$\mu m$）；如使用波长$\lambda$为$0.27~\mu m$的紫外光，则$\delta=0.27/（2\times1.4）=0.10$（$\mu m$），分辨率提高了1倍。

增大物镜与标本之间介质的折射率也是行之有效的方法，在使用油浸物镜（简称油镜）观察细菌的形态时，在物镜与标本之间滴加香柏油就是为了增加分辨率，并减少因折射而造成的光线散失。

物镜下表面与标本或盖玻片之间的距离称为物镜的工作距离。物镜的放大倍数越大，其工作距离越短，油镜的工作距离最短，只有约$0.2~mm$。

根据物镜的放大倍数，可将其分为低倍镜、高倍镜和油镜。低倍镜有$4\times$、$10\times$、$20\times$等，高倍镜有$40\times$、$60\times$等，油镜有$90\times$、$100\times$等（图1-1-2）。

图1-1-2　不同放大倍数的物镜

根据物镜和标本之间介质不同，可分为干燥系和油浸系，干燥系以空气为介质，其数值孔径小于1，油浸系以香柏油为介质，其数值孔径大于1（图1-1-3）。

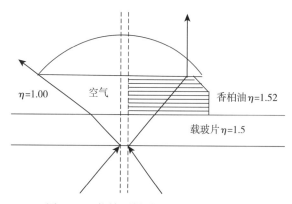

图1-1-3　物镜干燥系和油浸系的光线图

显微镜的总放大倍数为物镜放大倍数乘以目镜的放大倍数。如在观察某标本时，物镜的放大倍数为100倍，目镜的放大倍数为10倍，则总的放大倍数为$100\times10=1~000$倍。不同倍数物镜的特性如表1-1-1所示。

表 1-1-1　不同倍数物镜的特性比较

特性	物镜			
放大倍数	4×	10×	(40～45)×	(90～100)×
NA	0.10	0.25	0.55～0.65	1.25～1.40
工作距离/mm	17～20	4～8	0.5～0.7	0.1
（蓝光时）最高分辨率/μm	2.3	0.9	0.35	0.18

聚光器：聚光器安装于载物台下，其作用是将从光源来的平行光线聚焦于标本上，以增强照明度，得到清晰明亮的效果。可以通过调节旋钮调节聚光器上下移动，以适应不同厚度的载玻片（0.9～1.3 mm）。聚光器上附有孔径光阑，通过调节孔径光阑孔径的大小可以调节进入物镜光线的强弱。

光源：光源有自然光源（反光镜）和电光源两种。老式显微镜一般采用自然光源。其取光设备是反光镜。反光镜有两个面，一面是平面镜，另一面是凹面镜。反光镜可自由转动以调节位置，使光线能射向聚光器和标本。有聚光器的显微镜，无论是使用高倍镜还是低倍镜均使用平面镜，只有在光线不足时才使用凹面镜。无聚光器的显微镜，在使用低倍镜时用平面镜，在使用高倍镜时用凹面镜。新式显微镜设置有内源性电光源，使用方便，不受环境光源的影响。

3. 显微镜的成像原理　由光源射入的光线经聚光器聚焦于被检标本上，使标本得到足够的照明。由标本反射或折射出的光线经物镜放大，在目镜的视场光阑处形成放大的实像，此实像再经接目透镜放大成虚像。其成像过程如图 1-1-4 所示。

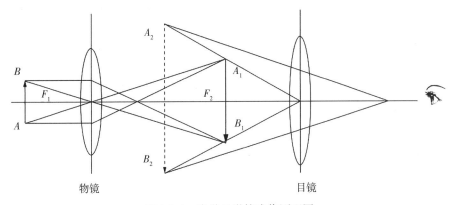

图 1-1-4　光学显微镜成像原理图

（二）相差显微镜

相差显微镜（phase contrast microscope）是通过其特殊装置——环状光阑和相板，利用光的干涉现象，将光的相位差转变为人眼可以察觉的振幅差（明暗差），从而使原来透明的物体表现出明显的明暗差异，从而增强对比度，使我们能比较清楚地观察到在普通光学显微镜和暗视野显微镜下都看不到或看不清的活细胞及细胞内的某些细微结构，主要用于观察活细胞或不染色的组织切片，有时也可用于观察缺少反差的染色样品。

1. 相差显微镜的结构　相差显微镜的结构和普通的显微镜相似，所不同的是它有其特殊的结构：环状光阑、相板、合轴调节望远镜和滤光片。

环状光阑：其上有一环形开孔，照明光线只能从环形的透明区形成一圆柱形光柱进入聚光器再斜射到标本上。大小不同的环状光阑分别和不同放大倍数的物镜相匹配，位于聚光器的前焦点平面上，与聚光器一起组成转盘聚光器，即在相差聚光器下面装有一个转盘，盘上镶有宽窄不同的环状光阑，在不同光阑边上刻有 10×、20×、40× 等字样，这表示当用不同放大倍数的物镜时，必须配合相应的环状光阑。

相板：相差物镜的后焦平面上装有相板，这是相差显微镜很重要的结构。相板上有环状光阑相对应的环状共轭面和补偿面，相板上镀有两种金属膜，即吸收膜和相位膜。吸收膜上镀有铬、银等金属，能吸收掉通过光线的 60%～90%；相位膜上则镀有氟化镁，能把通过光线的相位推迟 1/4 波长。

金属膜的镀法有两种：一种是两种金属膜都镀在共轭面上。这种情况下，通过物体的直射光振幅减弱，相位推迟 1/4 波长，该光和照射物体的绕射光在同一个相位上。合成光振幅相加，使有直射光和绕射光物体比只有直射光物体的背景更明亮，并产生暗背景中有明亮物体的效果，这种物镜又称负相衬物镜。另一种镀法是吸收膜镀在共轭面上，相位膜镀在补偿面上。直射光仅振幅减弱而相位不被推迟，绕射光相位被推迟 1/2 波长，合成光振幅相减，使有直射光和绕射光物体要比只有直射光物体的背景要暗，产生亮背景中有暗物体的效果，这种物镜又称正相衬物镜。

合轴调节望远镜：环状光阑的光环和相差物镜中的相位环很小，使用合轴调节望远镜可以调节两环的环孔相互吻合，光轴完全一致。

滤光片：一般显微镜使用的光源为复色光，常引起相位的变化。为获得良好稳定的相差效果，相差显微镜要求使用波长范围比较窄的单色光。通常采用绿色滤光片来过滤光线，这是因为绿色滤光片滤光效果好且能吸收产热的红光和蓝光，有利于观察活体细胞。

2. 相差显微镜的成像原理　相差显微镜的光路图如图 1-1-5 所示，从光源发出的光线通过环状光阑形成光柱，光柱经聚光器聚成光束照射在被检物体上；在有细胞结构的地方，光线发生直射和绕射，而背景处光线只发生直射；光线到达相板后，直射光通过共轭面，而绕射光通过补偿面；相板上共轭面和补偿面上的金属膜不同，会使这两部分光线产生一定程度的相位差和强度的减弱，当这两部分光线通过透镜会聚进入同一光路后会产生光的干涉现象，将人眼不可觉察的相位差变成人眼可觉察的振幅差。

（三）暗视野显微镜

暗视野显微镜（darkfield microscope）又称暗场显微镜，利用丁达尔（Tyndall）光学效应的原理，用侧光照射样品，使样品产生散射光来分辨标本的细节。常用来观察未染色的透明样品。这些样品因为具有和周围环境相似的折射率，不易在一般明视野之下看清楚，于是利用暗视野提高样品本身与背景之间的对比。暗视野显微镜能看到物体的存在、运动和表面特征。

暗视野显微镜的结构（图 1-1-6）和普通光学显微镜基本相同，暗视野显微镜特殊的地方是采用了暗场聚光器。暗场聚光器的结构使光线不能由下而上垂直通过被检物体，而是将光线改变方向，使其斜向射向标本；只有从标本上反射或衍射的光线才能进入物镜和目镜，而照明光线则不能进入物镜和目镜，这样就能够在黑暗的背景中看到标本受光侧面清晰明亮的轮廓。暗视野显微镜能观察到 4～200 nm 大小的细节。

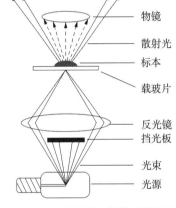

图 1-1-5 相差显微镜成像原理　　　　图 1-1-6 暗视野显微镜成像原理

（四）体视显微镜

体视显微镜（stereo microscope）又被称为解剖显微镜或立体显微镜，是为了观察立体影像而设计，基本上是将两架低倍显微镜并置一处，彼此角度差异以使所观察的影像产生一种实体或立体效果。体视显微镜与一般显微镜不同，可使标本显示直立的姿态，所显现的任何动作也都不会有颠倒的现象。这类显微镜的景深之所以够大，是因为它们大多使用低倍放大率，而且只有一个焦距操纵装置可以使用。体视显微镜能形成正立像，立体感强，常常用在一些固体样本的表面观察，或是解剖、钟表制作和小电路板检查等工作上。具体来说体视显微镜有如下特点：①双目镜筒中的左右两光束不是平行的，而是具有一定的夹角——体视角（一般为 12°～15°），因此成像具有三维立体感；②像是直立的，便于操作和解剖，这是由于在目镜下方的棱镜把像倒转过来的缘故；③虽然放大率不如常规显微镜，但其工作距离很长；④焦深大，便于观察被检物体的全层；⑤视场直径大。

体视显微镜的基本结构为镜体，其中装有几组不同放大倍数的物镜；镜体的上端安装着双目镜筒，其下端的密封金属壳中安装着棱镜组；镜体下面安装着一个大物镜，使目镜、棱镜、物镜组成一个完整的光学系统。物体经物镜作第一次放大后，由目镜作第二次放大。它的放大倍率的连续变化量靠改变变倍物镜的空气间隔来达到。半五角棱镜使光线前进方向旋转 45°，便于观察；而直角棱镜组则使物像正转，使目镜能在平面上观察到正立的像，从而

与物体方位相一致。在镜体架上还有粗调和微调手轮，用以
调节焦距。双目镜筒上安装着目镜，目镜上有目镜调节圈，
以调节两眼的不同视力（图 1-1-7）。

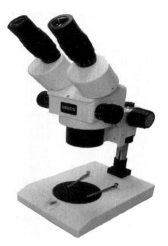

图 1-1-7 体视显微镜

（五）荧光显微镜

荧光显微镜（fluorescence microscope）以紫外光为光源
照射标本，使标本发出荧光，然后在显微镜下观察标本形状
及位置。从光源的作用上来看，普通光学显微镜是利用可见
光使镜下标本得到照明，通过放大系统进行观察。因此，我
们看到的是样品的本色，光源起到照明的作用。而荧光显微
镜则是利用一定波长的光激发样品，使其产生荧光，通过放
大系统放大后，我们看到的不是样品的本色，而是其发射的
荧光，所以光源起到的是激发的作用，而非照明。由此看出，
荧光显微镜的主要特点在于其光源。荧光显微镜用于研究细胞内物质的吸收、运输、化学物
质的分布及定位等。细胞中有些物质，受紫外光照射后可发荧光；另有一些物质本身虽不能
发荧光，但如果用荧光染料或荧光抗体染色后，经紫外光照射亦可发荧光，荧光显微镜就是
对这类物质进行定性和定量研究的工具之一。荧光显微镜由光源、滤色系统和光学系统等主
要部件组成，按激发光照射的方式，分透射和落射两种。荧光显微镜的结构和主要部件包括
以下几部分。

光源：荧光显微镜一般采用 200 W 的超高压汞灯作光源，由石英玻璃制作。超高压汞
灯发射很强的紫外和蓝紫光，足以激发各类荧光物质。另外超高压汞灯工作时散发出大量热
能，因此，灯室必须有良好的散热条件。

滤色系统：滤色系统是荧光显微镜的重要部件，由激发滤板和压制滤板组成。根据光源
和荧光色素的特点，激发滤板分为三类：紫外光激发滤板、紫外蓝光激发滤板和紫蓝光激发
滤板，分别提供一定波长范围的激发光。压制滤板的作用是完全阻挡激发光通过，提供相应
波长范围的荧光，与激发滤板相对应，有 3 种压制滤板：紫外光压制滤板、紫外蓝光压制滤
板和紫蓝光压制滤板。

反光镜：反光镜的反光层一般是镀铝的，因为铝对紫外光和可见光的蓝紫区吸收少，反
射达 90％以上（而银的反射只有 70％）。一般使用平面反光镜。

聚光器：专为荧光显微镜设计制作的聚光器是用石英玻璃或其他透紫外光的玻璃制成。
分为明视野聚光器和暗视野聚光器两种。

物镜：各种物镜均可应用，但最好用消色差的物镜，因其自体荧光极微且透光性能（波
长范围）适合于荧光。为了提高荧光图像的亮度，应使用镜口率大的物镜。

目镜：在荧光显微镜中多用低倍目镜，如 5× 和 6.3×。过去多用单筒目镜，因为其亮
度比双筒目镜高一倍以上，但目前研究型荧光显微镜多用双筒目镜，方便观察。

落射光装置：落射荧光显微镜还具有落射光装置，落射光装置可使荧光图像的亮度随着
放大倍数增大而提高，在高放大倍数时比透射光源强，更适用于不透明及半透明标本，如厚
片、滤膜、菌落、组织培养标本等的直接观察。近年研制的新型荧光显微镜多采用落射光
装置。

（六）倒置显微镜

倒置显微镜（inverted microscope）组成和普通显微镜一样，只不过物镜与照明系统颠倒，前者在载物台之下，后者在载物台之上，倒置显微镜还具有相差物镜。倒置显微镜常用于微生物、细胞、组织培养、悬浮体和沉淀物等的观察，可连续观察细胞、细菌等在培养液中繁殖分裂的过程，并可将此过程中的任一形态拍摄下来。在细胞学、寄生虫学、肿瘤学、免疫学、遗传工程学、工业微生物学等领域中应用广泛。

倒置显微镜和放大镜起着同样的作用，即使近处的微小物体成一放大的像，以供人眼观察，只是显微镜比放大镜具有更高的放大率而已。物体位于物镜前方，离物镜的距离大于物镜的焦距，但小于两倍物镜焦距。所以，它经物镜以后，必然形成一个倒立的放大的实像。再经目镜放大为虚像后供肉眼观察。目镜的作用与放大镜一样，所不同的只是肉眼通过目镜所看到的不是物体本身，而是物体被物镜已经放大了一次的像。倒置显微镜的构造主要分为三部分：机械部分、照明部分（反光镜、集光器、聚光器、光圈）和光学部分（目镜、物镜）（图 1-1-8）。

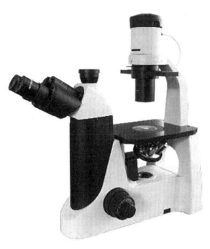

图 1-1-8　倒置显微镜

（七）激光扫描共聚焦显微镜

激光扫描共聚焦显微镜（confocal scanning laser microscope，CSLM）是一种新型高精度显微镜，是目前生物医学领域中最先进的荧光成像和细胞分析工具之一。激光扫描共聚焦显微镜不仅用于观察经固定的各种细胞和组织结构，而且还可对活细胞的形态和结构、离子的实时动态等进行观察和定量荧光测定，以及定量图像分析。与传统光学显微镜相比，它具有更高的分辨率，实现多重荧光的同时观察并可形成清晰的三维图像。目前国内 CLSM 技术应用前景广泛，已成为形态学、分子细胞生物学、神经科学、药理学、遗传学等领域中强有力的研究工具。

CLSM 系统主要由电动荧光显微镜、扫描控制单元、激光器、计算机工作站及各相关附件组成（图 1-1-9）。激光共聚焦显微镜脱离了传统光学显微镜的场光源和局部平面成

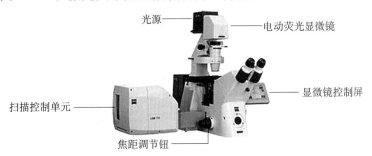

光源———　　　　　　　　　　　———电动荧光显微镜

　　　　　　　　　　　　　　　　———显微镜控制屏

扫描控制单元———

焦距调节钮———

图 1-1-9　激光扫描共聚焦显微镜

像模式，采用激光束作光源。激光束经照明针孔，经由分光镜反射至物镜，并聚焦于样品上，对标本焦平面上每一点进行扫描。组织样品中如果有可被激发的荧光物质，受到激发后发出的荧光经原来入射光路直接反向回到分光镜，通过探测针孔时先聚焦，聚焦后的光被光电倍增管探测收集，并将信号输送到计算机，处理后在计算机显示器上显示图像。

（八）电子显微镜

由于传统的光学显微镜采用的光源是可见光或紫外光，受其波长的限制，其最大的分辨率只能达到 0.2 μm（采用可见光）或 0.1 μm（采用紫外光）。而在观察小于 0.1 μm 的物体（如病毒、亚细胞结构）时，传统的光学显微镜就显得无能为力，只能使用电子显微镜（electron microscope）。

电子显微镜以电子束代替了光波，以电磁透镜代替光学透镜，它的成像原理与光学显微镜完全相同。电子具有波粒二相性，其波长可表示为：

$$\lambda = h/mv$$

式中，h 为普朗克常数，m 为电子的质量，v 为电子的速度。v 与外加电压有关，电压越高，速度越快，相应的波长（λ）越短，其可达到的最大分辨率也就越高。当外加电场为 100 kV 时，波长为 0.04 nm，为可见光的 1/10 000，分辨率可达到 0.2～0.3 nm，放大倍数可达到 80 万倍。

常用的电子显微镜有透射电子显微镜（transmission electron microscope，TEM）、扫描电子显微镜（scanning electron microscope，SEM）、扫描隧道显微镜（scanning tunneling microscope，STM）和冷冻电子显微镜（cryo-electron microscope）。下面介绍这 4 种电子显微镜的结构和特点。

1. 透射电子显微镜 透射电子显微镜是把经加速和聚集的电子束投射到非常薄的样品上，电子与样品中的原子碰撞而改变方向，从而产生立体角散射。散射角的大小与样品的密度、厚度相关，因此可以形成明暗不同的影像，影像在放大、聚焦后在成像器件（如荧光屏、胶片及感光耦合组件）上显示出来，主要用于观察样品内部超微结构。透射电子显微镜的总体结构包括镜体和辅助系统两大部分（图 1-1-10）。

镜体部分包含照明系统（电子枪、聚光器）、成像系统（样品室、物镜，中间镜、投影镜）、观察记录系统（观察室、照相室）和调校系统（消像散器、束取向调整器、光阑）。

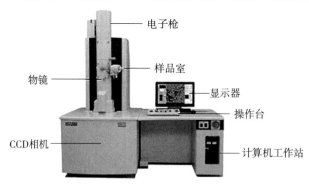

图 1-1-10 透射电子显微镜

辅助系统包含真空系统（机械泵、扩散泵、真空阀、真空规）、电路系统（电源变换、调整控制）和水冷系统。

2. 扫描电子显微镜　扫描电子显微镜主要是利用二次电子信号成像来观察样品的表面形态，即用极狭窄的电子束去扫描样品，通过电子束与样品的相互作用产生各种效应，其中主要是样品的二次电子发射。由于样品表面形态、结构特征上的差异，反射的二次电子数量有所不同，从而被检测器接受并转换为视频信号，经放大和处理后显示在显示屏上。在构造上扫描电子显微镜由电子光学系统、信号检测及显示系统、真空系统和电力供应系统等组成，这些系统又分成两部分：一是主机部分，如镜筒、样品室和真空装置等；二是控制部分，如显示器、控制和调节装置等（图 1-1-11）。扫描电子显微镜的优点是：①有较高的放大倍数，2 万～20 万倍连续可调；②有很大的景深，视野大，成像富有立体感，可直接观察各种试样凹凸不平表面的细微结构；③试样制备简单。目前的扫描电子显微镜都配有 X 射线能谱仪装置，这样可以同时进行显微组织形貌的观察和微区成分分析。

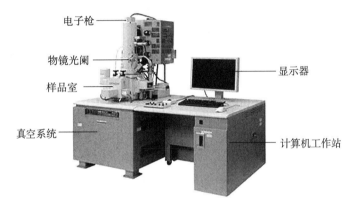

图 1-1-11　扫描电子显微镜

3. 扫描隧道显微镜　扫描隧道显微镜可以让科学家观察和定位单个原子，它具有比其他同类原子力显微镜更高的分辨率。扫描隧道显微镜使人类第一次能够实时地观察单个原子在物质表面的排列状态和与表面电子行为有关的物化性质，在表面科学、材料科学和生命科学等领域的研究中有着重大的意义和广泛的应用前景，被国际科学界公认为 20 世纪 80 年代世界十大科技成就之一。

扫描隧道显微镜的工作原理非常简单（图 1-1-12）。就如同一根唱针扫过一张唱片，一根探针慢慢地接近要被分析的材料。探针是一个极细的尖针，针尖头部为单个原子，当针尖和样品表面靠得很近，即小于 1 nm 时，针尖头部的原子和样品表面原子的电子云发生重叠。此时若在针尖和样品之间加上一个偏压，电子便会穿过针尖和样品之间的势垒而形成纳安级的隧道电流。通过控制针尖与样品表面间距的恒定，并使针尖沿表面进行精确的三维移动，就可将表面形貌和表面电子态等有关信息记录下来。扫描隧道显微镜具有很高的空间分辨率，横向可达 0.1 nm，纵向可优于 0.01 nm。它主要用来描绘表面三维的原子结构图，在纳米尺度上研究物质的特性，利用扫描隧道显微镜还可以实现对表面的纳米加工，如直接操纵原子或分子，完成对表面的刻蚀、修饰以及直接书写等。目前扫描隧道显微镜的研究取得了一系列新进展，出现了原子力显微镜（atomic force microscope，AFM）、弹道电子发射显微镜（ballistic electron emission microscope，BEEM）、光子扫描隧道显微镜（photon scanning tunneling microscope，PSTM），以及扫描近场光学显微镜（scanning near-field optical microscope，SNOM）等。扫描隧道显微镜的优点是三态（固态、液态和气态）物质均可进行观察，而普通电子显微镜只能观察制作好的固体标本。

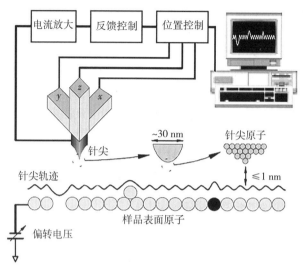

图 1-1-12　扫描隧道显微镜的工作原理

4. 冷冻电子显微镜　冷冻电子显微镜技术是在低温下使用透射电子显微镜观察样品的显微技术，即把样品冻起来并保持低温放进显微镜里面，用高度相干的电子作为光源从上面照射下来，透过样品和附近的冰层，受到散射。再利用探测器和透镜系统把散射信号记录下来，最后进行信号处理，得到样品的结构（图 1-1-13）。冷冻电子显微镜技术作为一种重要的结构生物学研究方法，它与 X 射线晶体学、核磁共振一起构成了高分辨率结构生物学研究的基础。这项技术获得了 2017 年的诺贝尔化学奖。

由于冷冻电子显微镜在制备样本的过程中不需要对样本进行结晶或者其他一系列预处理，所以相比于 X 射线衍射技术以及核磁共振技术有着很多优势。同时，由于样本在事先经过液氮冷却的乙烷中会迅速冷却转变为玻璃态，所以可以极大保持样本的生理活性，便于进行实验观察。利用冷冻电子显微镜，可以获取到原子分辨率级别的分子二维投影图像。利用这些图像，可以对生物大分子进行三维重构。得到生物大分子的三维结构信息之后，就可以对这些生物大分子的形态结构、生理功能等进行相关分析。这在生命科学、生物制药方面都有着非常重要的作用。在冷冻电子显微学结构解析的具体实践中，依据不同生物样品的性质及特点，可以采取不同的显微镜成像及三维重构方法。目前主要使用的几种冷冻电子显微学结构解析方法包括电子晶体学、单颗粒重构技术、电子断层扫描重构技术等，它们分别针对不同的生物大分子复合体及亚细胞结构进行解析。

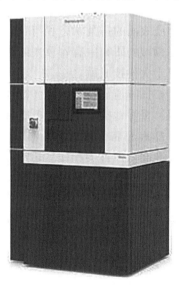

图 1-1-13　冷冻电子显微镜

二、微生物染色技术

微生物细胞个体微小、透明且含水量高（一般为80％～90％），微生物细胞悬浮于水溶液中时，其对光线的吸收和反射与水溶液差别不大，与周围背景没有明显的明暗差，因此，难于看清其形态，更谈不上识别其细微结构。所以，微生物细胞经过染色后，借助染料的反衬才能把菌体和背景区分开，从而在显微镜下进行观察。微生物学发展到现在，已形成很多染色技术，这些技术除能对菌体染色外，还能对细胞内部或外部的细微结构进行染色，染色技术已成为微生物学实验中的最基本技术之一。

除活菌染色外，染色后的微生物细胞都是死的，不能区分活细胞和死细胞。在染色过程中微生物细胞形态与结构均会发生一些变化，不能完全代表其活细胞的真实情况。

（一）染色的基本原理

微生物染色的基本原理是根据微生物菌体和染料的特性，通过物理和化学因素的相互作用来实现的。物理因素如细胞和细胞物质对染料的毛细管现象、渗透作用和吸附作用等。化学因素则是根据细胞物质和染料的不同化学性质而发生各种各样的化学反应。酸性物质对于碱性染料吸附力较强，吸附作用稳固；同理，碱性物质吸附酸性染料能力强。如酸性的细胞核对于碱性染料就易于吸附。如果要使酸性物质染上酸性材料，必须改变它们的物理状态（如细胞的pH），才利于吸附作用。反之，碱性物质（如细胞质）通常仅能染上酸性染料，若把它们变为适宜的物理形式，也同样能与碱性染料发生吸附作用。

细菌的等电点较低，多为2～5，而目前常用的培养基一般为中性、碱性或弱酸性。微生物在这些培养基中生长导致菌体蛋白质电离后带负电荷；而碱性染料电离时染料离子带正电荷。带负电荷的细菌常和带正电荷的碱性染料进行结合。因此，在细菌学上常用碱性染料对细菌菌体进行染色。

影响染色效果的因素很多，菌体细胞的构造和其外膜的通透性，如细胞膜的通透性、膜孔的大小和细胞结构完整性，在染色上都起一定作用。此外，培养基的组成、菌龄、染色液中的电解质含量和pH、温度、药物的作用等，也都能影响细菌的染色效果。

（二）染料的种类和选择

常用于微生物染色的染料分为天然染料和人工染料两种。天然染料有胭脂虫红、地衣素、石蕊和苏木素等，它们多从植物体中提取而来，成分较复杂，有些至今还未完全搞清楚。目前主要采用人工染料，多为有机物，从煤焦油中提取获得，其化学结构较清楚，多是苯的衍生物（图1-2-1）。

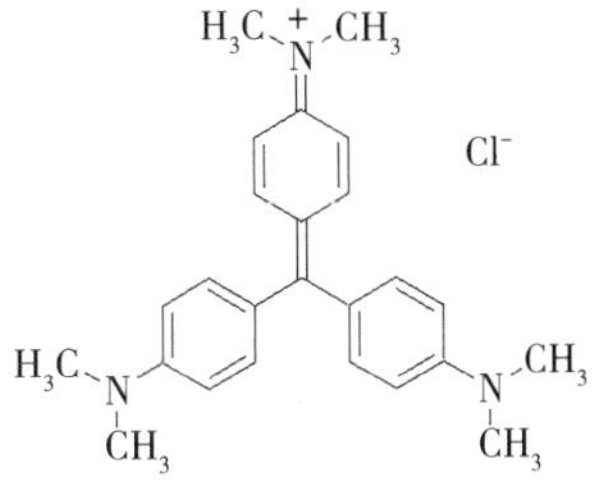

图1-2-1 结晶紫染料的化学结构式

染料分子结构上一般有两个基团，即发色基团和助色基团。发色基团带有共轭双键，赋予染料的颜色特征，助色基团则赋予染料成盐的特性。没有助色基团，染料不能电离，不能和微生物菌体上的酸基或碱基结合，从而很容易被洗脱。此外，多数染料为带色的有机酸或碱类，易溶于有机溶剂，难溶于水，有助色基团的存在可增加这些染料的可溶性。

根据染料电离后染料离子所带电荷的性质，可分为酸性染料、碱性染料、中性染料（又称复合染料）和单纯染料四大类。

1. 酸性染料 酸性染料电离后染料分子带负电，如伊红、刚果红、藻红、苯胺黑、苦味酸和酸性复红等，可与碱性物质结合成盐。在含糖培养基中，培养基由于其糖类分解产酸使 pH 下降超过细菌的等电点，细菌所带的正电荷增加，这时用酸性染料细菌易被染色。

2. 碱性染料 碱性染料电离后染料分子带正电，可与酸性物质结合成盐。微生物实验一般常用的碱性染料有亚甲蓝、甲基紫、结晶紫、碱性复红、中性红、孔雀绿和番红等。在一般的情况下，细菌带负电荷，易被碱性染料染色。

3. 中性染料 酸性染料和碱性染料按一定的比例复配后的染料称为中性染料，又称复合染料，如伊红亚甲蓝和吉姆萨（Giemsa）染料等，后者常用于细胞核的染色。

4. 单纯染料 这类染料不能和被染的物质生成盐，因而亲和力较低，其染色能力视其是否溶于被染物而定。它们大多数都属于偶氮化合物，不溶于水，溶于有机溶剂中，如苏丹（Sudan）类染料。

（三）染色方法

根据不同的染色目的，要使用不同的染料和不同的染色方法。根据观察的对象不同，微生物染色方法可分为菌体染色法、鞭毛染色法、异染颗粒染色法、芽孢染色法、鞭毛染色法、荚膜染色法和核染色法等。根据所用染料的种类，微生物染色方法可分为单染色法和复染色法两种。单染法是用一种染料对微生物进行染色；复染色法是用两种或两种以上染料对微生物进行染色，常用的复染色法有革兰氏染色法和抗酸染色法。

1. 单染色法 单染色法操作简便易行，适于进行微生物的形态观察。在一般情况下，细菌菌体多带负电荷，易于和带正电荷的碱性染料结合而被染色。因此，常用碱性染料进行单染色，如亚甲蓝、孔雀绿、碱性复红、结晶紫和中性红等。若使用酸性染料，则多用刚果红、伊红、藻红和酸性复红等。在使用酸性染料时，必须降低染液的 pH，使其呈现强酸性，使染料溶液的 pH 低于细菌菌体等电点，这样才能让菌体带正电荷，从而易于被酸性染料染色。

单染色一般要经过涂片、固定、染色、水洗和干燥等 5 个步骤。不同染料的染色特点和效果不一样，一般石炭酸复红染色液着色快，时间短，菌体呈红色；亚甲蓝染色液着色慢，时间长，效果清晰，菌体呈蓝色；草酸铵结晶紫染色液染色迅速，着色深，菌体呈紫色。

2. 革兰氏染色法 革兰氏染色法是细菌学中广泛使用的一种分类鉴别染色法。此法1884 年由丹麦病理学家 Christain Gram 创立，因而称为革兰氏染色法（Gram staining）。

（1）革兰氏染色的过程 细菌先经结晶紫染色，再经碘液媒染后，用酒精脱色，在一定条件下有的细菌紫色不被脱去，有的可被脱去。为观察方便，脱色后再用一种红色染料如碱性复红等对菌体进行复染。根据革兰氏染色结果可把细菌分为两大类，即革兰氏阳性菌（G^+）和革兰氏阴性菌（G^-）。在显微镜下革兰氏阳性菌呈紫色，革兰氏阴性菌则被染成红色。有芽孢的杆菌和绝大多数球菌，以及所有的放线菌和真菌都呈革兰氏阳性反应；弧菌、螺旋体和大多数无芽孢杆菌都呈革兰氏阴性反应。

（2）革兰氏染色的原理　细菌在革兰氏染色后呈现不同的效果是由于革兰氏阳性菌和革兰氏阴性菌的细胞壁成分和结构上的不同造成的。

革兰氏阳性菌的细胞壁是由肽聚糖形成的网状结构，肽聚糖层较厚，达几十层，肽聚糖上的羟基结合了大量的结合水。在染色过程中，当用乙醇处理时，乙醇脱水引起肽聚糖网状结构中的孔径变小，通透性降低，使结晶紫-碘复合物能保留在细胞内而不被洗脱。在复染时，由于细胞壁孔径变小，通透性降低，复红难以进到细胞壁内，而且紫色较红色看起来要深，能盖住红色，因此，在显微镜下革兰氏阳性菌菌体呈现紫色。

革兰氏阴性菌的细胞壁肽聚糖含量低（占细胞壁总量的 10% 左右），较薄，只有一到两层，肽聚糖层外还有一层较厚的脂多糖-脂蛋白层。在染色过程中用乙醇处理时，乙醇会把脂类溶解，使细胞壁的通透性增加，使结晶紫-碘复合物易被洗去而被脱色。复染时又被染上了复染液（复红）的颜色，因此呈现红色。

另外，革兰氏阳性菌菌体等电点较阴性菌低，在相同 pH 条件下进行染色，革兰氏阳性菌吸附碱性染料要比革兰氏阴性菌多，因此不易脱去。

革兰氏染色法一般包括初染、媒染、脱色、复染等 4 个步骤。在进行革兰氏染色时，染色条件和细菌的菌龄一定要严格控制。特别是用乙醇脱色的处理时间必须适当，如脱色时间太长，革兰氏阳性菌也可能被误判为革兰氏阴性菌；而脱色时间太短，革兰氏阴性菌也可能被误判为革兰氏阳性菌。菌龄对革兰氏染色也有较大影响，很多阳性菌只有在对数生长期时才是阳性反应，如培养时间过长，常呈阴性反应。

3. 抗酸染色法　抗酸染色法是鉴别分枝杆菌属的染色法，此属细菌的菌体中含有分枝菌酸，用一般的染料难于着色。在加热条件下，分枝杆菌易与石炭酸复红牢固结合形成复合物，且用酸性乙醇处理不能使其脱色，再加碱性亚甲蓝复染后，分枝杆菌仍然为红色，而其他细菌及背景中的物质为蓝色。

4. 鞭毛染色法　细菌的鞭毛一般都非常纤细，其长度可达到 $10\sim20\ \mu m$，但其直径只有 $10\sim20\ nm$，在光学显微镜的分辨率外，所以细菌鞭毛用一般光学显微镜无法直接观察到，只能借助电子显微镜。鞭毛染色的基本原理是借助媒染剂和染色剂的沉积作用，使染料堆积在鞭毛上，大大加粗鞭毛的直径，并同时使鞭毛染上颜色，从而在普通光学显微镜下能够观察到。鞭毛染色一般分为两类：一种是银盐法，使银在鞭毛上堆积；另一种是使用复红沉积在鞭毛上。鞭毛染色可用于区分假单胞菌科的一些有两极鞭毛的细菌和肠杆菌科有周身鞭毛的细菌。用于鞭毛染色的培养物一定要新鲜，否则老培养物中菌体上的鞭毛已脱落或容易脱落，从而带来相反的结果。

5. 芽孢染色法　芽孢染色的原理是利用细菌菌体和芽孢对染料的亲和力不同来进行的。芽孢壁较厚，透性低，染料进入芽孢内部和从芽孢内部出来都较困难。先用一弱碱性染料如孔雀绿或碱性复红在加热条件下进行染色，染料可以进入芽孢内部，菌体和芽孢均可着色；接着进行脱色，菌体中的染料颗粒可被水洗脱色，而芽孢中的染料颗粒难于脱去；再用复染液进行染色，可使菌体和芽孢带不同的颜色。

芽孢染色法主要有孔雀绿染色法和石炭酸复红染色法两种。如果所用的显微镜性能较好，用常规的单染法即可看到芽孢，芽孢杆菌单染后在显微镜下，菌体有颜色，而芽孢呈无色半透明颗粒，形态和质地类似于米粒。

6. 荚膜染色法　荚膜是细菌细胞外面的一层黏液性物质，其主要成分为多糖、多肽或蛋白质，不易被染料着色。荚膜的折光性低，易溶于水，与染料亲和力低，但荚膜的通透性比较好，某些染料可透过荚膜而使菌体着色。因此染色后在菌体周围有一浅色或无色的透明圈，即为荚膜。现在观察荚膜一般采用负染法，即用碳素墨水将菌体和背景着色，把不着色呈透明状的荚膜衬托出来。因细菌荚膜在加热时容易变形，所以在做荚膜染色时不能用加热方法固定菌体，而是用甲醇来固定菌体。

7. 细菌 DNA 染色法　细菌 DNA 的染色方法一般采用孚尔根（Feulgen）染色法。孚尔根染色法是根据席夫（Schiff）试剂进行的反应而建立的，席夫试剂中含有碱性复红和亚硫酸，碱性复红和亚硫酸结合后，失去醌式结构变为无色。当 DNA 经酸作用而生成的醛化合物与席夫试剂结合后，使醌式结构恢复，变成一种带紫红色碱性复红的衍生物。此法对 DNA 有特异性，细菌细胞经此法染色后，可在光学显微镜下观察到拟核的形态和位置。准确的温度和盐酸浓度，适宜的水解时间是该方法成功的关键，水解过度或不足均会降低染色强度。

8. 活菌染色法　活菌染色可区分活菌和死菌细胞，即活菌细胞可被染色，而死菌细胞不被染色，所用的染料有亚甲蓝、刚果红、中性红、台盼蓝、FDA/PI、SYTO9/PI 等。化学染剂中，亚甲蓝是一种无毒性的染料，其氧化态呈蓝色，而还原态无色，氧化态和还原态可以互变。用亚甲蓝对微生物细胞进行染色时，由于活细胞中时刻进行着新陈代谢作用，细胞内具有较强的还原能力，能使亚甲蓝由氧化态的蓝色变为还原态的无色，而死菌细胞或代谢微弱的细胞则呈蓝色或淡蓝色。此法适合细胞个体较大的酵母菌，此法可将活菌和死菌细胞区分开。荧光染剂中，SYTO9/PI 荧光探针标记结合荧光显微镜，可实现对菌株动态形成过程的观察。SYTO9 是一种小分子染料，具有良好的细胞膜渗透性，可穿过完好的细胞膜进入到细胞核内与核酸结合并对其染色，在蓝光激发下发射绿色荧光。PI 分子质量相对较大，不具有细胞膜渗透性，不能渗透穿过完好的细胞膜，只能进入细胞膜已被破坏的细菌细胞并与其核酸结合染色，在蓝光激发下发射红色荧光，可以认为 PI 只能对死菌细胞进行染色。由于 PI 比 SYTO9 对核酸的亲和力更强，所以被 SYTO9 染色的死菌细胞在有 PI 存在的情况下会重新与 PI 分子结合，使核酸最终被染成红色。两种染色剂共同作用下的细菌细胞，显绿色荧光的细胞被认为是具完整细胞膜的活菌，而显红色荧光的细胞被认为是细胞膜有破损的死菌。通过这种染色方法，可以简便清晰地分析出活菌在菌液中的比例。

三、微生物富集分离技术

地球的各种生境包括极端环境中生长着各种各样的微生物，特别是有机物含量高的土壤中微生物种类丰富、数量巨大，是微生物的大本营，是人类开发利用微生物资源的重要基地。但是，环境中的各种微生物往往以各种微生物混合生长的群落形式存在，而不是以单纯的个体或单种微生物的菌落形式存在。

为了研究某种微生物的特性或者获得大规模的纯培养物，必须从混杂的微生物群体中获得所需要的菌株。由于绝大部分微生物个体十分微小，很难用显微操作技术把单个微生物菌株从自然界中分离出来。经过微生物学工作者几百年的探索，开发了行之有效的微生物分离和纯化技术。

（一）微生物分离纯化的基本策略

微生物分离和纯化的基本策略是根据目标微生物对各种营养条件和环境条件等适应能力或抗性的不同，采取"投其所好，取其所抗"的策略，给目标菌株提供适合的生长条件，或抑制其他菌株生长（如加入抗生素、抑制剂或提高渗透压等），从而淘汰不需要的微生物，只有目标微生物才能生长。对于某些环境中数量非常稀少的微生物，则需要进行加富培养，使某类微生物得到富集，其细胞数量大幅度增加，从而有利于分离，提高筛选的效率。

（二）目标微生物的富集

用来富集微生物的培养基称为选择性培养基或者加富培养基，其原理是根据所要分离的微生物生理生化特点在培养基中加入某种选择压力，对混合菌群中的微生物进行"优胜劣汰"的选择。选择性培养基的设计有两种思路：一种是根据分离微生物对某一营养物质利用效率高的特点，专门在培养基中加入该营养物，从而使目标微生物成为优势微生物。例如，细菌生长所需的 C/N 值较低，喜欢偏碱性环境生长，所以细菌富集分离用 pH 为 7.2 的牛肉膏蛋白胨培养基；真菌所需的 C/N 值较高，糖利用能力强，喜欢偏酸性环境生长，所用的培养基为糖分含量高的马丁氏培养基；能降解有机污染物的微生物富集分离则采用某种有机污染物为唯一碳源的基础盐培养基。需要注意的是，如果这种有机污染物对微生物有毒性，则在设计富集方法时，需要先在低浓度条件下进行驯化，再视污染物降解情况逐步提高污染物的浓度。另一种思路是根据分离对象对某种化学药品具有抗性，在培养基中加入该化学药品后，其他微生物受到抑制，而要分离的目标微生物则不受抑制得到生长。例如，放线菌对重铬酸钾抗性较强，其富集分离培养基采用加有浓度为 0.1%重铬酸钾的高氏一号合成培养基；分离真菌的马丁氏培养基中加入链霉素以抑制细菌的生长。

某些环境条件也可用来作为富集和分离特殊微生物的选择压力。例如，提高培养温度来富集和分离耐高温微生物，利用酸性或碱性条件来富集和分离耐酸或耐碱微生物，在培养基中添加盐分来富集和分离耐盐微生物，在密闭的培养试管中充入氮气保持厌氧环境来富集和分离厌氧性微生物，把分离原悬液在 100 ℃沸水浴中煮 10 min 杀死营养体细胞用以富集和分离产芽孢的细菌，等等。

（三）纯培养的分离纯化基本技术

微生物富集培养的结果只是使具有某种特性的微生物数量增加，富集液本身还是混合菌群，所以还需要把富集培养物中的目标菌株分离纯化出来。最常用也最简便的方法是固体平板培养技术，包括平板划线法、稀释涂布平板法和稀释混合平板法 3 种。平板划线法的操作过程是挑取富集液在平板上连续划线，使微生物细胞在平板上分离开，尽可能使一个细胞长成一个菌落，挑取单菌落再一次划线，一般重复 3 次即可得到纯培养。稀释涂布平板法的过程是对富集液进行梯度稀释，使稀释液中的微生物细胞数量为 20～300 个/mL，取稀释液在平板上涂布开，培养后挑取单菌落划线分离即可得到纯培养。稀释混合平板法的过程和稀释涂布平板法类似，差别在于先在培养皿中加入稀释液，再倒入熔化的冷却到 45～50 ℃的固体培养基，充分混合后培养，再挑取单菌落。

固体平板的发明是微生物学历史上划时代的革命，它大大方便了微生物资源的分离和计数。最早用来作固体培养基凝固剂的物质主要是明胶。明胶为一种用鱼类或动物瘦肉熬制成的一种透明的蛋白胨，其特点是极容易生物分解，可用作碳氮源，熔化温度较低，不耐高温高压灭菌。19 世纪 80 年代开始使用琼脂（又称洋菜）作为凝固剂，并立即取代了明胶。琼脂是从海藻中提取的一种多糖体（其成分主要为聚半乳糖的硫酸酯），琼脂作为凝固剂具有一系列优良的特性，如难于生物降解，在培养过程中不会因多糖被水解而软化；可多次熔化和凝固，熔化温度为 96 ℃，凝固温度为 40 ℃左右，熔化温度和凝固温度相差较大，操作方便；透明度高，便于观察菌落特征；强度大，黏着力强，便于平板划线和平板涂布。

由于琼脂中还含有极微量的有机营养成分，在分离某些生长极其缓慢的化能自养微生物（如硝化细菌和亚硝化细菌）的时候，如果用琼脂平板则可能有化能异养微生物和化能自养微生物伴生在一起，难以分离开。在这种情况下可采用硅胶代替琼脂作为凝固剂，硅胶作为凝固剂的缺点是制备过程非常烦琐，且一旦凝固后不能再次熔化。

近年来，微孔滤膜技术也被用来分离微生物资源。微孔滤膜是一种由高分子化合物聚合成的多孔膜片，常用的有硝酸纤维素滤膜和醋酸纤维素滤膜。微孔滤膜的孔径很小，一般只有零点几个微米，一般微生物营养体细胞不能通过。微孔滤膜技术适用于微生物数量极少的样品中微生物的富集分离，其过程为先让样品水溶液通过微孔滤器，水分子能通过微孔滤膜，而微生物细胞因个体比微孔滤膜的孔径大而不能通过，这样就在滤膜表面上得到富集，把滤膜揭下贴到培养基上可培养出微生物菌落。

在仪器条件许可的情况下，也可用显微操作法来分离真菌菌丝和孢子。显微操作法需要有显微操作仪或者体视显微镜，在显微操作仪或者体视显微镜下挑取单细胞、单孢子或单根菌丝。在利用此法分离真菌单孢子或单菌丝的时候，要求真菌菌丝在培养基上密度适中，太密则不好操作，太疏则难以找到孢子或菌丝，故在培养时一般采用水琼脂（water agar，WA）培养基，这种培养基营养较少，菌丝生长不会太密。

随着科技的发展，分子生物学技术也开始应用于微生物资源的开发和利用，如聚合酶链式反应（PCR）技术、16S rRNA 基因序列分析技术和荧光抗体技术等。基于 16S rRNA 基因序列分析的技术可以从环境中直接分离并克隆 rRNA 基因并分析其序列，通过互联网和 GenBank 上与已知序列进行比较可发现目前尚未分离出来的微生物或尚不能在人工条件下培养的微生物。基因克隆技术已可不经过微生物的分离培养，直接从土壤中提取总 DNA 扩增和转化，以获取新的基因。

此外，最近还出现了微流控分离、流式细胞术分离、激光分离和磁珠分离等新兴的生物单细胞分离技术。微流控（microfluidics）分离技术是指利用微尺度环境下独特的流体性质（如层流和液滴等）精确操控微升、纳升乃至阿升级别的样品中细胞分离的技术，该技术利用重力离心、流体力学和电场力等来捕获细胞，在微生物学乃至生物医学研究中具有巨大的发展潜力和广泛的应用前景。流式细胞术（flow cytometry，FCM）分离是利用分选型流式细胞仪进行的一种单细胞分选技术。其工作原理是施加高速振动使液流形成包裹单细胞的微小液滴并瞬间充电，带电液滴经过高压电场后发生偏转而进入收集装置中，从而实现细胞分离。流式细胞分离技术的优点是精度高、通量大，可以在短时间内实现对大量细胞的筛选。激光分离技术是基于激光与物质相互作用，利用激光将标本上的单细胞弹射下来进入收集装置中的一种单细胞分离技术。目前长春长光辰英公司研发的 PRECISCS"单细胞精准分选仪"是第一款基于激光与物质相互作用原理的单细胞分离设备,与拉曼光谱、荧光标记和图像分析等多种细胞识别方法相结合,可实现功能性/特异性单细胞的分选与分析,为环境、临床等复杂生物样本中的单细胞,特别是微生物细胞分选提供了可靠的工具。磁珠分离技术是一种基于分子生物学的分离技术,其原理是利用磁珠对生物细胞或生物大分子的亲和结合而进行高效富集或分离的技术。磁珠是内部为人工合成含铁成分(可被磁铁磁力吸引)而表面包裹有生物活性基团(如抗原、抗体、RNA 和 DNA 等)的纳米或微米级微小磁性颗粒,分散于基液中形成磁性液体材料。待分离的生物细胞或生物大分子可与磁珠上的活性基团发生亲和结合而吸附在磁珠表面,形成细胞或大分子-磁珠复合物,这种复合物在磁场作用下定向移动,从而跟其他物质分离。磁珠分离技术具有方便、快速、回收率高和选择性强等优点,广泛应用于分子生物学、细胞学、微生物学、生物化学和免疫学研究。

四、灭菌和消毒技术

采用强烈的理化因素使任何物体内外所有微生物的营养体、芽孢或孢子被杀死的过程称为灭菌(sterilization)。消毒(disinfection)则是用较温和的物理或化学方法杀死物体上绝大多数微生物,主要是病原微生物和有害微生物的营养细胞,但芽孢不一定能杀死。

在微生物学实验、生产和科学研究工作中,需要进行微生物纯培养,不能有任何外来杂菌。因此,对所用材料、培养基要进行严格灭菌,对工作场所进行消毒,以保证工作顺利进行。

实验室最常用的灭菌方法是利用高温杀菌。高温杀菌的原理主要是微生物细胞的蛋白质和核酸等重要生物大分子在高温下发生变性而导致微生物细胞死亡。高温灭菌分为干热灭菌和湿热灭菌两大类。湿热灭菌的效果比干热灭菌好,可以在更短的时间内更高效地杀死微生物细胞。此外,过滤除菌、辐射杀菌、化学药剂消毒和灭菌等也是微生物学操作中不可缺少的常用方法。

(一)干热灭菌

1. 火焰灭菌 微生物接种工具如接种环、接种针和其他金属用具,可直接在酒精灯火焰上短暂灼烧至红热进行灭菌。这种方法灭菌迅速彻底。此外,接种过程中,试管或三角瓶口等也可通过酒精灯外焰短暂灼烧灭菌。

2. 干热灭菌 用干燥热空气杀死微生物的方法称为干热灭菌。通常将灭菌物品置于鼓风干燥箱内,在 160～170 ℃加热 2 h。灭菌时间可根据灭菌物品性质与体积做适当调整,以达到灭菌目的。玻璃器皿(如吸管、培养皿等)、金属用具等凡不适于用其他方法灭菌而又能耐高温的物品都可用此法灭菌。但是,培养基、橡胶制品和塑料制品等不能使用干热灭菌。干热灭菌操作步骤可分为以下几步:①将准备灭菌的材料洗涤干净、晾干,用锡箔纸、牛皮纸或报纸包裹好或放入灭菌专用的铁盒(或铝盒)内,放入干热灭菌箱,关好箱门。②接通电源,打开干热灭菌箱排气孔,待温度升至 80～100 ℃时关闭排气孔,继续升温至 160～170 ℃时,开始计时,保持恒温 2 h。③灭菌结束后,断开电源,自然降温至 60 ℃以下,打开干热灭菌箱门,取出物品放置备用。

◆**注意事项**

1. 干热灭菌的玻璃器皿切不可有水，因沾水的玻璃器皿在干热灭菌中容易炸裂。

2. 灭菌物品不能堆得太满、太紧，一般不超过总体积的65%，以免受热不均匀，使得灭菌不彻底。

3. 灭菌物品不能直接放在电烘箱底板上，以防止包装纸或棉花被烧焦。

4. 灭菌温度以恒定在160~170 ℃为宜。温度超过180 ℃，棉花、报纸会炭化甚至燃烧。如有不慎或其他原因烘箱内发生烤焦或者燃烧事故时，应先关闭电源，将进气孔、排气孔关闭，等其自然降温至60 ℃以下时，才能打开箱门进行处理，切勿在未切断电源前打开箱门或者排气孔，以免加速燃烧造成更大的损失。

5. 降温时，需待温度自然降至60 ℃以下才能打开箱门取出物品，以免因骤然降温而导致玻璃器皿炸裂。

（二）湿热灭菌

湿热灭菌法比干热灭菌法更有效。湿热灭菌是利用热蒸汽灭菌。在相同温度下，湿热的灭菌效力比干热灭菌好的原因是：①热蒸汽对细胞成分的破坏作用更强。水分子的存在有助于破坏维持蛋白质三维结构的氢键和其他相互作用弱键，更易使蛋白质变性。蛋白质含水量与其凝固温度成反比（表1-4-1）。②热蒸汽比热空气穿透力强，能更加有效地杀灭微生物。③蒸汽存在潜热，当水由气态转变为液态时可放出大量热量，故可迅速提高灭菌物体的温度。

表 1-4-1　蛋白质含水量与其凝固温度的关系

蛋白质含水量/%	蛋白质凝固点/℃
50	56
25	74~80
18	80~90
6	145

多数细菌和真菌的营养细胞在60 ℃左右处理15 min后即可被杀死，酵母菌和真菌的孢子要耐热些，要用80 ℃以上的温度处理才能杀死，而细菌的芽孢更耐热，一般要在120 ℃下处理15 min才能被杀死。湿热灭菌常用的方法有常压蒸汽灭菌和高压蒸汽灭菌。

1. 常压蒸汽灭菌　常压蒸汽灭菌是湿热灭菌的方法之一，在不能密闭的容器里产生蒸汽进行灭菌。在不具备高压蒸汽灭菌条件时，常压蒸汽灭菌是一种常用的灭菌方法。此外，不宜用高压蒸煮的物质如糖液、牛奶、明胶等，可采用常压蒸汽灭菌。这种灭菌方法所用的灭菌器有阿诺（Arnold）氏灭菌器或特制的蒸锅，也可用普通蒸笼。由于常压蒸汽的温度不超过100 ℃，压力为常压，可杀死微生物营养细胞，但杀不死芽孢，因此必须采取间歇灭菌的方法，以杀死芽孢细菌，达到完全灭菌的目的。常见的常压蒸汽灭菌方法有以下4种。

（1）巴氏消毒法　适用于牛奶、啤酒、果酒和酱油等不能进行高温灭菌的液体的一种消毒方法，其主要目的是杀死其中的无芽孢病原菌（如牛奶中的结核分枝杆菌或沙门氏菌），而又不影响其特有风味。巴氏消毒法是一种低温消毒法，具体的处理温度和时间各有不同，一般在 60～85 ℃下处理 15～30 min，具体的方法可分两类：第一类是较老式的，称为低温维持法，如在 63 ℃下保持 30 min 可进行牛奶消毒；另一类是较新式的，称为高温快速法，用于牛奶消毒时只要在 85 ℃下保持 5 min 即可。但是巴氏消毒法不能杀灭引起 Q 热的病原菌——伯氏考克斯氏体（一种立克次氏体）。

（2）间歇灭菌法 又称分段灭菌法，适用于不耐热培养基的灭菌，其方法是：将待灭菌的培养基在 100 ℃下蒸煮 30～60 min，以杀死其中所有微生物的营养细胞，然后置室温或 20～30 ℃下保温过夜，诱导芽孢萌发，第二天再以同样的方法蒸煮和保温过夜，如此连续重复 3 次，即可在较低温度下达到彻底灭菌的效果。例如，培养硫细菌的含硫培养基就应用间歇灭菌法灭菌，因为其中的元素硫经常规的高压灭菌（121 ℃）后会发生熔化，而在 100 ℃的温度下则呈结晶状。

（3）蒸汽持续灭菌法 微生物制品的土法生产或食用菌菌种制备时常用这种方法。该法在容量较大的蒸锅中进行，从蒸汽大量产生开始，继续加大火力保持充足蒸汽，待锅内温度达到 100 ℃时，持续加热 3～6 h，杀死绝大部分芽孢和全部营养体，达到灭菌目的。

（4）煮沸消毒法 许多器械如手术刀、剪刀和镊子等可直接在铝锅里煮沸消毒，细菌的营养体煮沸 15～30 min 即可被杀死，而芽孢则需煮 1～2 h。

以上 4 种方法通常是在无高压蒸汽灭菌条件的地方（如农村）使用。

◆ **注意事项**

1. 使用间歇法或持续法灭菌时必须在灭菌物内外都达到 100 ℃后，开始计算灭菌时间，此时锅顶上应有大量蒸汽冒出。

2. 为利于蒸汽穿透灭菌物，锅内或蒸笼上堆放物品不宜过满过挤，应留有空隙。固体曲料大量灭菌时，每袋以 1.5～2.0 kg 为宜，料袋在锅内用箅子分层隔开，不能堆压在一起。

3. 火大水足才能保证蒸汽足，蒸锅里应先把水加足，防止干锅。一次持续灭菌时，如锅内盛水量不能维持到底，应在蒸锅侧面安装加水口，以便在蒸煮过程中添水。添水应用开水，以防骤然降温。

4. 间歇法灭菌时应在每次加热后，迅速降温，然后在室温放置 24 h，再第二次加热。如果降温慢，往往使未杀死的杂菌大量滋生，反而导致灭菌物变质，特别是固体曲料包装过大时，靠近中心部分更易发生这种情况。

5. 从使用效果看，分装试管、三角瓶或其他容器的培养基，因其体积小、透热快，以用间歇法为佳。固体曲料，因其包装较大、透热慢，用间歇法容易滋生杂菌变质或者水分蒸发过多，曲料变得不新鲜，影响培养效果，因此使用一次持续灭菌法较好。

2. 高压蒸汽灭菌 高压蒸汽灭菌是应用最广、效果最好的湿热灭菌方法。

（1）灭菌原理 高压蒸汽灭菌是在密闭的高压蒸汽灭菌器（锅）中进行的。其原理是：将待灭菌的物体放置在盛有适量水的高压蒸汽灭菌锅内。把锅内的水加热煮沸而产生蒸汽，待水蒸气急剧地将锅内的冷空气从排气阀中驱尽后，关闭排气阀，继续加热，此时由于蒸汽不能溢出，而增加了灭菌器内的压力，从而使沸点高于 100 ℃，导致菌体蛋白质凝固变性而达到灭菌的目的。一般要求温度应达到 121 ℃（压强为 0.1 MPa），时间维持 15～30 min。也可采用在较低的温度（115 ℃，0.075 MPa）下维持 35 min 的方法。此法适合于一切微生物学实验室、医疗保健机构和发酵工厂中对培养基及多种材料、物品的灭菌。蒸汽压力（强）与温度的关系如表 1-4-2 所示。

表 1-4-2　蒸汽压力（强）与温度的关系

蒸汽压力（强）*		蒸汽温度	
kgf/cm²	MPa	℃	℉
0.00	0.00	100	212
0.25	0.025	107.0	224
0.50	0.050	112.0	234
0.75	0.075	115.5	240
1.00	0.100	121.0	250
1.50	0.150	128.0	262
2.00	0.200	134.5	274

＊　此处蒸汽压力（强）为压力（强）表显示值。

在使用高压蒸汽灭菌器进行灭菌时，蒸汽灭菌器内冷空气排除是否完全极为重要，因为空气的膨胀压大于蒸汽的膨胀压。所以当蒸汽中含有空气时，压力（强）表所表示的压力（强）是蒸汽压力（强）和部分空气压力（强）的总和，不是蒸汽的实际压力（强），它所相当的温度与高压灭菌锅内的温度是不一致的。这是因为在同一压力（强）下的实际温度，含空气的蒸汽低于饱和蒸汽，如表 1-4-3 所示。

表 1-4-3　空气排除程度与温度的关系

压强/kPa	灭菌器内温度/℃				
	未排除空气	排除 1/3 空气	排除 1/2 空气	排除 2/3 空气	完全排除空气
35	72	90	94	100	109
70	90	100	105	109	115
105	100	109	112	115	121
140	109	115	118	121	126
175	115	121	124	126	130
210	121	126	128	130	135

由表 1-4-3 看出，如不将灭菌锅中的空气排除干净，将达不到灭菌所需的实际温度。因此，必须将灭菌器内的冷空气完全排除，才能达到完全灭菌的目的。

在空气完全排除的情况下，一般培养基只需在 0.1 MPa 下 121 ℃进行 15～30 min 可达到彻底灭菌的目的。但对某些较大物体或蒸汽不易穿透的灭菌物品，如固体曲料、土壤和草炭等，则应适当延长灭菌时间，或将蒸汽压强升高到 0.15 MPa 保持 1～2 h。灭菌的温度及维持时间随灭菌物品的性质和容量等具体情况而有所变化。例如，含糖培养基用 0.06 MPa、112.6 ℃灭菌 15 min，但为了保证效果，可将其他成分先进行 121.3 ℃灭菌 20 min，然后以无菌操作手段加入灭菌的糖溶液。又如盛于试管内的培养基以 0.1 MPa、121.5 ℃灭菌 20 min即可，而盛于大瓶内的培养基最好以 0.1 MPa、122 ℃灭菌 30 min。

（2）灭菌设备　高压蒸汽灭菌的主要设备是高压蒸汽灭菌锅，有立式、卧式及手提式等不同类型。实验室中以手提式和立式最为常用。卧式灭菌锅常用于大批量物品的灭菌。不同类型的灭菌锅，虽大小外形各异，但其主要结构基本相同。

手提式高压灭菌锅的基本构造主要由以下部分构成（图 1-4-1）。

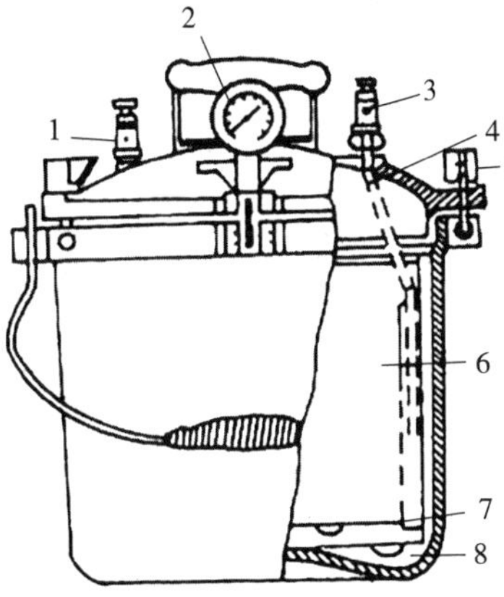

①安全阀。或称保险阀，利用可调弹簧控制活塞，超过额定压力即自动放气减压。使压力在额定压力之下，略高于使用压力。安全阀只供超压时安全报警之用，不可在保温时用作自动减压装置。

②压力（强）表。用于显示灭菌锅内的蒸汽压强和温度，一般内圈显示的是蒸汽压强，单位为 MPa，而外圈是对应不同压强时的温度，单位为℃。

③排气阀。用于排除空气，当空气排除干净时把排气阀关上。

④软管。为金属材质，伸入灭菌桶的底部。灭菌前灭菌桶内充满了冷空气，冷空气密度比蒸汽大，沉在灭菌桶的底部，因此需要使蒸汽从灭菌桶顶部进入，驱赶灭菌桶内的空气从底部通过此软管排出。

⑤紧固螺栓。用于将锅盖紧密盖在锅体上保证不漏气。

⑥灭菌桶。或称灭菌室，是放置灭菌物的空间。

⑦筛架。一般为铁或铝材制成的支架，用于放置灭菌桶。

图 1-4-1　手提式灭菌锅
1. 安全阀　2. 压力（强）表　3. 排气阀
4. 软管　5. 紧固螺栓　6. 灭菌桶
7. 筛架　8. 水

（3）手提式灭菌锅使用要点

①加水。使用前在锅内加入适量的水，以淹没电热丝 2～3 cm 为宜。加水不可过少，以防将灭菌锅烧干，引起炸裂事故。加水过多有可能引起灭菌物积水。

②装锅。将灭菌物品放在灭菌桶中，不要装得过满。盖好锅盖，按对称方法旋紧四周紧固螺栓，打开排气阀。

③加热排气。加热后待锅内沸腾并有大量蒸汽自排气阀冒出时，维持 2～3 min 以排除冷空气。如灭菌物品较大或不易透气，应适当延长排气时间，务必使空气充分排除，然后将排气阀关闭。

④保温保压。当压强升至 0.1 MPa，温度达 121 ℃时，应控制热源，保持压力，维持 30 min后，切断热源。

⑤出锅。当压力（强）表降至"0"处，稍停，使温度继续降至 100 ℃以下后，打开排气阀，旋开紧固螺栓，开盖，取出灭菌物。注意：切勿在锅内压力尚在"0"点以上，温度在 100 ℃以上时开启排气阀，否则会因压强骤然降低，而造成培养基剧烈沸腾冲出管口或瓶口，污染棉塞，在以后培养时引起杂菌污染。

⑥保养。灭菌完毕取出物品后，将锅内余水倒出，以保持内壁及内胆干燥，盖好锅盖。

（三）过滤除菌

过滤除菌是将液体通过某种微孔材料，使微生物细胞与液体分离而达到除菌的目的。早年曾采用硅藻土等材料装入玻璃柱中，当液体流过柱子时菌体因其所带的静电荷而被吸附在多孔的材料上，但现今已基本被膜滤器所替代。

膜滤器采用微孔滤膜作材料，微孔滤膜通常由硝酸纤维素制成，可根据需要使之具有 $0.025\sim25\ \mu m$ 范围大小的特定孔径，用于过滤除菌的滤膜一般孔径为 $0.22\ \mu m$。当含有微生物的液体通过微孔滤膜时，大于滤膜孔径的细菌等微生物不能穿过滤膜而被阻拦在膜上，与通过的滤液分离开来。微孔滤膜具有孔径小、价格低、可高压灭菌、滤速快及可处理大容量的液体等优点。

过滤除菌可用于对热敏感液体的除菌，如含有酶、维生素或抗生素的溶液、培养基和血清等。有些物质即使加热温度很低也会失活，也有些物质辐射处理就会造成损伤，此时过滤除菌就成了理想的灭菌方法。过滤除菌还可在啤酒生产中代替巴氏消毒法。

有些微生物学研究工作需要收集或浓缩细菌细胞，如进行细菌三亲本杂交、抗性筛选和同步生长实验等都需要利用滤膜注射器进行操作。这是一个在隔板中带有 $0.22\ \mu m$ 孔径的微孔滤膜的注射装置。在菌液注射过程中，细菌细胞由于不能通过滤膜而被收集在膜表面。

使用 $0.22\ \mu m$ 孔径滤膜虽然可以滤除溶液中存在的细菌，但病毒或支原体等仍可通过。必要时需使用小于 $0.22\ \mu m$ 孔径的滤膜，但缺点是阻力大，过滤速度比较慢，而且滤孔容易阻塞。

（四）辐射杀菌

辐射灭菌是利用电离辐射产生的电磁波杀死微生物细胞的一种灭菌方法。用于灭菌的电磁波有紫外光（UV）、X射线和γ射线等。

1. 紫外光杀菌 紫外光的波长范围是 $15\sim300\ nm$，波长为 $200\sim300\ nm$ 的紫外光都有杀菌能力，其中波长在 $260\ nm$ 左右的紫外光杀菌作用最强。紫外灯是人工制造的低压水银灯，能辐射出波长主要为 $253.7\ nm$ 的紫外光，杀菌能力强而且较稳定。紫外光杀菌作用是因为它可以被蛋白质（波长为 $280\ nm$）和核酸（波长为 $260\ nm$）吸收，造成这些分子的变性失活。例如，核酸中的胸腺嘧啶吸收紫外光后，可以形成胸腺嘧啶二聚体和DNA链的交联，导致DNA复制过程碱基错配，引起致死突变；此外，由于紫外光辐射能使空气中的氧电离成［O］，再使氧气氧化成臭氧或使水氧化成过氧化氢，臭氧和过氧化氢均有杀菌作用。紫外灯距照射物以不超过 $1.2\ m$ 为宜。紫外灯的功率越大效能越高。紫外光的灭菌作用随其剂量的增加而加强，剂量是照射强度与照射时间的乘积。如果紫外灯的功率和照射距离不变，可以用照射的时间表示相对剂量。紫外光对不同的微生物有不同的致死剂量。根据照射规律，照射强度与光源光照度成正比而与距离的平方成反比。在固定光源情况下，被照物体越远，效果越差，因此，应根据被照面积、距离等因素安装紫外灯。由于紫外光穿透力弱，很薄的普通玻璃或水层，均能滤除大量的紫外光。因此，紫外光只适用于表面灭菌和空气灭菌。在一般实验室、接种室、接种箱、手术室和药厂包装时等，均可利用紫外灯杀菌。以普通小型接种室为例，其面积若按 $10\ m^2$ 计算，在工作台上方距地面 $2\ m$ 处悬挂 $1\sim2$ 只 $30\ W$ 紫外灯，每天开灯照射 $30\ min$，就能使室内空气灭菌。照射前，适量喷洒石炭酸或煤酚皂溶液等消毒剂，可加强灭菌效果。紫外光对眼黏膜及视神经有损伤作用，对皮肤有刺激作用，所以应避免直接在紫外灯下工作，必要时需穿防护工作衣、戴帽，并戴有色眼镜进行工作。

2. γ射线灭菌 γ射线波长（$0.001\sim0.0001\ nm$）很短，其能量高、穿透力强、射程远。γ射线灭菌的机理和紫外光不一样，有直接作用和间接作用两种机制。直接作用是指γ

射线照射直接导致生物大分子如蛋白质和 DNA 链断裂及结构破坏，导致细胞死亡。间接作用是指 γ 射线照射还使得细胞中的水分子产生电离，进而形成各种自由基，这些自由基氧化性很强，再进一步将细胞内 DNA、蛋白质和脂类等大分子氧化导致细胞死亡。在实际应用中 γ 射线一般由放射性同位素^{60}Co 产生，常应用于食品、保健品、生物制品、化妆品、农副产品、果蔬产品、医疗器械等消毒杀菌。γ 射线灭菌主要控制参数是辐射剂量，即物品所吸收的射线剂量。4～10 kGy 的剂量可有效地杀死大部分有害及致败性微生物，而 25～50 kGy 的剂量可使所有微生物细胞死亡。γ 射线灭菌的优点是方便快捷，可连续作业，适合于大规模操作，杀菌均匀彻底，能耗低、无残留、无污染。此外，γ 射线灭菌在常温常压下进行，特别适合对热敏感的塑料制品、食品、生物制品和药品的灭菌。γ 射线技术的缺点是一次性投资比较大，此外 γ 射线同样对人体有严重伤害，加上穿透力强，必须要对辐射量严格控制，对操作人员的安全防护工作做到位，才能保证安全。

（五）化学药剂消毒和杀菌

某些化学药剂可以使微生物蛋白质或核酸变形或抑制微生物的代谢活动，从而起到抑制或杀死微生物的作用。依作用性质可将化学药剂分为杀菌剂和抑菌剂。杀菌剂是能破坏细菌结构或代谢机能并有致死作用的化学药剂，如甲醛、乙醇、重金属离子和某些强氧化剂等。抑菌剂并不破坏细菌的原生质，而是抑制新细胞物质的合成，使细菌不能增殖，如磺胺类药物等。杀菌剂和抑菌剂之间的界线有时并不很严格，如高浓度的石炭酸（3％～5％）用于器皿表面消毒杀菌，而低浓度的石炭酸（0.5％）则用于生物制品的防腐抑菌。理想的化学杀菌剂和抑菌剂应当是作用快、效力高但对组织损伤小，穿透性强但腐蚀性弱，配制方便且稳定，价格低廉易生产，并且无异味。微生物实验室中常用的化学杀菌剂和抑菌剂有升汞、甲醛、戊二醛、高锰酸钾、苯甲酸钠、山梨酸、乙醇、异丙醇、碘酒、龙胆紫、石炭酸、煤酚皂溶液、漂白粉、臭氧、过氧化氢、氧化乙烯、丙酸内酯、过氧乙酸和新洁尔灭等。常用化学杀菌剂的使用浓度和应用范围如表 1-4-4 所示。

表 1-4-4　常用化学杀菌剂和抑菌剂

类别	实例	常用浓度	应用范围
醇类	乙醇	70％～75％	皮肤及器械消毒
	异丙醇	70％	皮肤及器械消毒
酸类	乳酸	0.33～1 mol/L	空气消毒（喷雾或熏蒸）
	食醋	3～5 mL/m³	熏蒸空气消毒，可预防流感
	苯甲酸钠	0.5％～3％	食品防腐
	山梨酸	0.2％	食品防腐
碱类	石灰水	1％～3％	地面消毒、粪便消毒等
酚类	石炭酸	5％	空气消毒、地面或器皿消毒
	来苏儿（煤酚皂溶液）	2％～5％	空气消毒、皮肤消毒
醛类	甲醛（福尔马林）	37％～40％	接种室、接种箱或器皿消毒
	戊二醛	2％	诊疗器械灭菌

（续）

类别	实例	常用浓度	应用范围
重金属离子	升汞	0.1%	植物组织（如根瘤）表面消毒
	硫酸铜	1%	作物病原真菌防治
	硝酸银	0.1%～1%	皮肤消毒
	硫柳汞	0.01%	生物制品防腐
氧化剂	高锰酸钾	0.1%～3%	皮肤、水果、蔬菜、器皿消毒
	过氧化氢	3%	清洗伤口、口腔黏膜消毒
	氯气	0.2～1 μL/h	自来水消毒等
	漂白粉	1%～5%	培养基容器、饮水和厕所消毒
	碘酒（碘酊）/碘附（碘伏）	2%	清洗伤口
	臭氧	20 mg/m³	空气、食品、皮肤、自来水消毒等
	过氧化氢	3%	医用、食品工业机械和管道消毒等
	过氧乙酸	0.2%～0.5%	塑料、玻璃、皮肤消毒等
染料	结晶紫	2%～4%	外用紫药水、浅疮口消毒
表面活性剂	新洁尔灭	1∶20（水溶液）	皮肤及不能遇热器皿的消毒
	洗衣粉	3 g/kg（水溶液）	器械、皮肤消毒
烷基化合物	环氧乙烷	0.5 mg/mL	手术器械、敷料、搪瓷类灭菌
金属螯合物	8-羟喹啉硫酸盐	0.1%～0.2%	外用清洗消毒

五、微生物接种技术

微生物接种技术是进行微生物实验和相关研究的基本操作技能。无菌操作是微生物接种技术的关键。由于实验目的、培养基种类及实验器皿等不同，所用接种方法不尽相同。斜面接种、液体接种、固体接种和穿刺接种操作均以获得生长良好的纯种微生物为目的。因此，接种必须在一个无杂菌污染的环境中进行严格的无菌操作。由于接种方法不同，采用的接种工具也有区别，如固体斜面培养基转接时用接种环，穿刺接种时用接种针，液体转接用移液管等。

（一）接种前的准备工作

1. 无菌室的准备　在微生物实验中，一般小规模的操作，使用无菌接种箱或超净工作台；工作量大时使用无菌室接种，要求特别严格的接种在无菌室内再结合使用超净工作台。

（1）无菌室的设计　无菌室的设计可因地制宜，但应具备下列基本条件。

①无菌室要求严格避光，为了在使用后排湿通风，应在顶部设立百叶排气窗。窗口加密封盖板，可以启闭，也可在窗口用数层纱布夹棉花蒙罩。

②无菌室侧面底部应设立进气孔，最好能通入过滤的无菌空气。

③无菌室一般应有里外两间，较小的外间为缓冲间，以提高隔离效果。

④无菌室应安装移门，以减少空气流动。必要时，在向外侧的隔板上安装一个双层的小型玻璃橱窗，便于内外传递物品，减少进出无菌室的次数。

⑤室内应有照明、电热和动力用的电源及插座。

⑥工作台面应耐热、抗腐蚀，便于清洗消毒，可采用橡胶板或塑料板铺设台面。

（2）无菌室的设备

①无菌室的里外两间均应安装日光灯和紫外灯。紫外灯常用规格为 30 W，吊装在经常工作位置的上方，距地高度 2.0～2.2 m。

②缓冲间应安排工作台供放置工作服、鞋、帽、口罩、消毒用药物和手持式喷雾器等，并备有废物桶等。

③无菌室内应备有接种用的常用器具，如酒精灯、接种环、接种针、不锈钢刀、剪刀、镊子、酒精棉球瓶和记号笔等。

（3）无菌室的灭菌

①熏蒸。在无菌室全面彻底灭菌时使用。先将室内打扫干净，打开进气孔和排气窗通风干燥后，重新关闭，进行熏蒸灭菌。常用的灭菌药剂为福尔马林（含 37%～40%甲醛的水溶液），按 6～10 mL/m³ 的标准计算用量，取出后盛于铁制容器中，利用电炉或酒精灯直接加热（应能随时在室外中止热源）或加半量高锰酸钾，通过氧化作用加热，使福尔马林蒸发。熏蒸后应保持密闭 12 h 以上。由于甲醛气体具有较强的刺激作用，所以在使用无菌室前 1～2 h，在一搪瓷盘内加入与所用甲醛溶液等量的氨水，放入无菌室，使其挥发中和甲醛，以减轻刺激作用。除甲醛外，也可用乳酸、硫黄等进行熏蒸灭菌。

②紫外灯照射。在每次工作前后，均应打开紫外灯，照射 30 min，进行灭菌。在进入无菌室内工作时，切记要关闭紫外灯。

③石炭酸溶液喷雾。每次临操作前，用手持喷雾器喷 5%石炭酸溶液，主要喷于台面和地面，兼有灭菌和防止灰尘飞扬的作用。

（4）无菌室空气污染情况的检验　为了检验无菌室的效果以及在操作过程中空气污染的程度，需要定期在无菌室内进行空气中杂菌的检验。一般可在两个时间进行：一是在灭菌后、使用前；二是在操作完毕后。其检验方法是：取牛肉膏蛋白胨和琼脂两种培养基的平板各 3 个，于无菌室使用前（或在使用后），在无菌室内揭开，放置台面上，0.5 h 后重新盖好。另有一份不打开的作对照。均放置在 30 ℃下培养，48 h 后检验有无杂菌生长以及杂菌数量的多少。根据检验结果确定应采取的措施。

无菌室灭菌后使用前检验时，应无杂菌。如果长出的杂菌多为霉菌时，表明室内湿度过大，应先通风干燥，再重新进行灭菌；如杂菌以细菌为主时，可采用乳酸熏蒸，效果较好。

（5）无菌室操作规则

①将所用的实验材料和用品一次性全部放入无菌室（如同时放入培养基则需用牛皮纸遮盖）。应尽量避免在操作过程中进出无菌室或传递物品。操作前打开紫外灯照射 0.5 h，关闭紫外灯后，再开始工作。

②进入缓冲间后，应该换好工作服、鞋，戴上口罩、帽，将手用消毒液清洁后，再进入工作间。

③操作时，严格按无菌操作进行操作，废物应丢入废物桶内。

④工作后应将台面收拾干净，取出培养物品及废物桶，用 5%石炭酸喷雾喷洒，再打开

紫外灯照射 0.5 h。

2. 接种工具的准备　最常用的接种或移植工具为接种环。接种环由一段铂丝安装在防锈的金属杆上制成。因铂丝价格昂贵，市售商品多以镍铬丝（或细电炉丝）作为铂丝的代用品。也可以用粗塑胶铜芯电线加镍铬丝自制，简便适用。

接种环供挑取菌苔或液体培养物接种用。环前端要求圆而闭合，否则液体难以在环内形成菌膜。根据不同用途，接种环的顶端可以改换为其他形式，如接种针等。

玻璃刮铲是稀释平板涂抹法进行菌种分离或微生物计数时常用的工具。将一定量（0.1 mL）菌悬液置于平板表面涂布均匀的操作过程需要用玻璃刮铲完成。用一段长约 30 cm、直径 5～6 mm 的玻璃棒，在酒精喷灯火焰上把一端弯成"了"字形或倒"△"形，并使柄与"△"端的平面呈 30°左右的角度。玻璃刮铲接触平板的一侧，要求平直光滑，使之既能进行均匀涂布，又不会刮伤平板的琼脂表面。

无菌操作接种用的移液管常为 1 mL 或 10 mL 刻度吸管。吸管在使用前应进行包裹灭菌。

（二）接种方法

1. 斜面接种技术　斜面接种是从已生长好的菌种斜面上挑取少量菌种移植至另一支新鲜斜面培养基上的一种接种方法。一般用接种环，以无菌操作取出原菌种移植到新斜面培养基上。

（1）斜面接种的方式　斜面接种有点种、直线、划线及菌块接种等方式。

①点种。把菌种点在斜面培养基的中下部，常用于暂时保存菌种，也适于霉菌孢子的接种。

②直线接种。取菌种于斜面的下部，自下而上划一条直线，常用于比较细菌生长的快慢，如研究菌种的最适生长温度等。

③划线接种。采用划曲线接种的形式，此法能充分利用斜面，获得大量菌体细胞。

④菌块接种。适用于真菌，如灵芝、蘑菇等的接种，即挖取小块菌丝连同少量培养基，移植于斜面培养基上。

（2）斜面接种的步骤

①贴标签。接种前在试管上贴上标签，注明菌名、接种人姓名等。标签贴在距试管口 2～3 cm 的位置（若用记号笔标记则不需要标签）。

②灭菌。点燃酒精灯，用酒精灯火焰对接种环进行灭菌。

③接种。用接种环将少许菌种移接到试管斜面上，操作必须按无菌操作法进行，具体步骤如下。

a. 手持试管：将菌种和待接斜面的两支试管用大拇指和其他四指握在左手中，使中指位于两试管之间部位，斜面面向操作者，并使它们位于水平位置。

b. 旋松管塞：先用右手松动棉塞或塑料管盖，以便接种时拔出。

c. 取接种环：右手拿接种环（如握钢笔一样），在火焰上将环端灼烧灭菌，然后将有可能伸入试管的其余部分均灼烧灭菌，重复此操作，再灼烧一次。

d. 拔管塞：用右手的无名指、小指和手掌边先后取下菌种和待接试管的管塞，然后让试管口缓缓过酒精灯火焰灭菌（切勿烧得过烫）。

e. 接种环冷却：将灼烧过的接种环伸入菌种管，先使环接触没有长菌的培养基部分，使其冷却。

f. 取菌：待接种环冷却后，轻轻蘸取少量菌体或孢子，然后将接种环移出菌种管，注意不要使接种环碰到管壁，取出后不可使带菌接种环通过火焰。

g. 接种：在火焰旁迅速将沾有菌种的接种环伸入另一支待接斜面试管。从斜面培养基的底部向上部做"Z"形来回密集划线，切勿划破培养基。有时也可用接种针仅在斜面培养基的中央拉一条直线做斜面接种，直线接种可观察不同菌种的生长特点。

h. 塞管塞：取出接种环，灼烧试管口，并在火焰旁将管旋上。塞棉塞时，不要用试管去迎棉塞，以免试管在移动时纳入不洁空气。

i. 接种环灭菌：将接种环灼烧灭菌，再放好接种环，最后将棉花塞旋紧。

2. 液体接种技术 用斜面菌种接种液体培养基时，有下面两种情况：一是接种量小，可用接种环取少量菌体移入培养基容器（试管或三角瓶等）中，将接种环在液体中摇动或者器壁上轻轻摩擦把菌苔散开，抽出接种环，塞好棉塞，再将液体摇动，菌体即均匀分布在液体中。二是接种量大，可先在斜面菌种管中注入定量无菌水，用接种环把菌苔刮下并研磨开，再把菌悬液倒入培养基中，倒前需将试管口在火焰上灭菌。

用液体培养物接种液体培养基时，可根据具体情况采取以下不同方法：①用无菌的吸管或移液管吸取菌液接种；②直接把液体培养物注入液体培养基中接种；③利用高压无菌空气通过特制的移液装置把液体培养物注入液体培养基中接种；④利用压强差将液体培养物接入液体培养基中接种（如发酵罐接入种子菌液）。

3. 固体接种技术 固体接种最普遍的形式是接种固体曲料，因所用菌种或种子来源不同分为两种技术。

（1）用菌液接种固体料 该技术所用菌液包括用菌苔刮洗制成的悬液和直接培养的种子发酵液。接种时可按无菌操作法将菌液直接倒入固体料中，搅拌均匀。注意接种所用菌液量要计算在固体料总量之内，否则往往在用菌液接种后曲料含水量加大，影响培养效果。

（2）用固体种子接种固体料 该技术所用固体种子包括用孢子粉、菌丝孢子混合种子菌或其他固体培养的种子菌。该技术直接把接种材料混入灭菌的固体料，接种后必须充分搅拌，使之混合均匀。一般是先把种子菌和少量固体料混合后再拌大堆料。固体料接种应注意抢温接种，即在曲料灭菌后不要使料温降得过低（尤其在气温低的季节），一般在料温高于培养温度5～10 ℃时抓紧接种（如培养温度为30 ℃，料温降至35～40 ℃时即可接种）。抢温接种可使培养菌在接种后及时得到适宜的温度条件，从而能迅速生长繁殖，长势好，杂菌不易滋生。此法适用于芽孢菌和产生孢子的放线菌与霉菌的接种。另一个措施是堆积起温，即在大量的固体曲料接种后，不要立即分装曲盘或上帘，应先堆积起来，上加覆盖物，防止散热，使培养菌适应新的环境条件，逐渐生长旺盛，产生较大热量使堆温升高后，再分装到一定容器中培养，这样可以避免一开始菌丝繁殖慢、料温上不去、拖延培养时间、水分蒸发大、杂菌易发展等缺点。

4. 穿刺接种技术 穿刺接种技术是一种用接种针从菌种斜面上挑取少量菌体并把它穿刺到固体或半固体深层次培养基中的接种方法。经穿刺接种后的菌种常作为保藏菌种的一种形式，同时也是检查细菌运动能力的一种方法，它只适宜于细菌和酵母的接种。具体操作如下：

①手持试管，旋松棉塞。

②右手拿接种针在火焰上将针端灼烧灭菌，接着把在穿刺中可能伸入试管的其他部位灼烧灭菌。

③用右手的小指和手掌边拔出棉塞。接种针先在培养基部分冷却，再用接种针的针尖蘸取少量菌种。

④接种有两种手持操作法：一种是水平法，类似于斜面接种法；一种则称垂直法。尽管穿刺时手持方法不同，但穿刺时所用接种针都必须挺直，将接种针自培养基中心垂直地刺入培养基中，然后沿着接种线将针拨出。最后，塞上棉塞，再将接种针上残留的菌在火焰上烧掉。

⑤接种好的试管直立于试管架上，放在 37 ℃或 28 ℃恒温箱中培养 1～3 d 后观察结果（若具有运动能力的细菌，它能沿着接种线向外运动而弥散，故形成的穿刺线较粗而散，反之则细而密）。

六、微生物鉴定技术

菌种鉴定工作是任何微生物学实验室经常会遇到的一项基础性工作。不论鉴定哪一种微生物，其工作步骤都离不开以下 3 项：①获得该微生物的纯培养物；②测定一系列必要的鉴定指标；③查阅权威性的菌种鉴定书。

（一）经典微生物鉴定技术——形态学、生理生化、血清学和生态学特征

形态学特征主要包括菌落形态、菌体形态以及特殊的细胞结构等。

生理生化特征主要包括：①利用营养物质的能力，包括对各种碳源、氮源的利用能力，能量的来源，对生长因子种类和数量的要求等。②代谢产物的种类和特性，主要测定微生物在生长过程中产生的某类特殊的生成物。例如，在细菌鉴定时常测定被检测菌是否产生 H_2S、吲哚、醇、有机酸，能否还原硝酸盐，能否使牛奶凝固、胨化，等等。③对环境的适应性，温度、酸碱度、盐浓度及氧化还原电位等。由此产生的生化试验主要有糖发酵试验、甲基红试验（methyl red test，M. R. 试验）、乙酰甲基甲醇试验（V. P. 试验）、吲哚试验、硫化氢试验、硝酸盐还原试验、过氧化氢酶试验等。

血清学特征是采用含有已知特异性抗体的免疫血清与待测菌株进行血清学反应，以确定病原菌的种或型。

生态学特征主要是指待测菌株的栖息地环境以及菌株与栖息地的相互关系。

（二）API 细菌数值鉴定系统和 BIOLOG 鉴定系统

对某一未知纯培养物进行鉴定时，应用经典鉴定指标时存在工作量大、对技术熟练度要求高、消耗时间长等问题，从而促进了多种简便、快速、微型或自动化鉴定技术的开发和应用，国内外都有系列化、标准化和商品化的鉴定系统出现。较有代表性的有 API 细菌数值鉴定系统、BIOLOG 全自动和手动鉴定系统等。这些鉴定系统主要应用微生物的生理生化反应，同时检测微生物对多种化合物的利用，在特定的显色剂下产生不同颜色变化，然后进

行信息收集、编码，与检索表或数据库比对，最后获得菌种的鉴定结果。

API 细菌数值鉴定系统由法国生物梅里埃（bioMérieux）公司生产，鉴定试验采用底物生化呈色反应的原理，能同时测定 20 项以上生化指标，可用作快速鉴定细菌，主要材料包括一个整齐地排列着 20 个塑料小管的长形卡片（24 cm×4.5 cm），这些小管内加有适量糖类等生化反应底物的干粉（有标签说明）和反应产物的显色剂（图 1-6-1）。该系统包含 15 种鉴定类型，主要有 API 20 E 肠道菌鉴定系统、API 20 NE 非肠道菌鉴定系统、API 20 STREP 链球菌及有关种类的鉴定系统、API CAMPY 弯曲杆菌鉴定系统、API STAPH 葡萄球菌和微球菌鉴定系统、API NH 奈瑟氏菌及嗜血杆菌鉴定系统、API 20 C AUX 酵母鉴定系统、API Candida 假丝酵母鉴定系统、API 20 A 厌氧菌鉴定系统、API CORYNE 棒状杆菌及有关种类的鉴定系统、API 10 S 肠杆菌科快速筛选鉴定系统、API 20 E 肠道菌快速鉴定系统和 API LISTERIA 李斯特菌鉴定系统等，实际上覆盖了所有菌属，可鉴定的细菌大于 800 种。

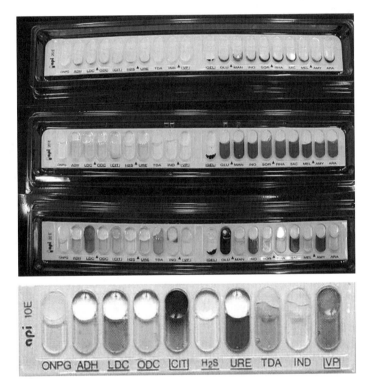

图 1-6-1　API 试验条

BIOLOG 鉴定技术由美国的 BIOLOG 公司于 1989 年成功开发，进行 95 种唯一碳源的生化反应测试，最初应用于某种纯种微生物的鉴定，至今已经能够鉴定包括细菌、酵母菌和霉菌在内的 2 000 多种病原微生物和环境微生物。因此，BIOLOG 鉴定系统已经成为目前国际上细菌多相分类鉴定最常用的手段之一（图 1-6-2）。

其中最新生产的 BIOLOG GEN Ⅲ 微孔板可以对广泛的革兰氏阳性和革兰氏阴性细菌进行 94 种表型测试，包括 71 种碳源利用测试以及 23 种化学敏感性测试。所有测试的碳源和生化试剂都被预先填充、干化在 96 个孔中。通过四唑类染料的色度变化来指示微生物对碳源的利用程度以及对化学物质的敏感程度。细菌利用碳源进行呼吸时会将四唑类氧化还原染色剂从无色还原成紫色，而不能利用碳源时则保持无色，就像没有碳源的阴性对照孔一样。同样，还有一个阳性对照孔作为化学敏感性测试。最终，通过微生物在测试板上所显示出的"表型指纹"来实现在种的水平上的鉴定。

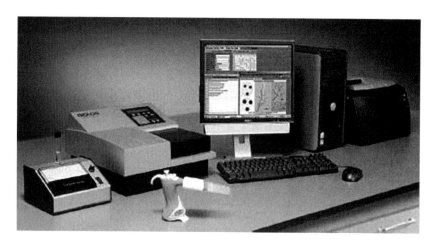

图 1-6-2　BIOLOG 鉴定系统

（三）细胞壁和细胞膜成分分析

细胞壁和细胞膜上主要成分的分析，对菌种鉴定有一定的作用。在放线菌分类中，按细胞壁中糖类及氨基酸的组成可划分为不同的化学型，并将其作为种、属描述与区分的主要指标。

脂肪酸是细胞膜主要成分，不同的细菌由不同的脂肪酸组成，因此分析脂肪酸的组成和含量可以区分不同的细菌。分析时先将脂肪酸制备成甲基衍生物，再采用气相色谱进行分析，获得脂肪酸的指纹图。同种的细菌一般具有相似的指纹图，而不同的细菌可以相互区分。MIDI 微生物鉴定系统和 Hewlette Packard 气相色谱结合使用可用于细菌脂肪酸和脂类图谱的分析比较，该套系统具有计算机化的数据库可供比较参考。

（四）分子生物学技术

随着现代分子生物学系统理论和技术的迅速发展，出现了以质粒或染色体 DNA 为基础的遗传学方法，如染色体 DNA 限制性片段长度多态性分析（RFLP）、脉冲场凝胶电泳（PFGE）、核酸杂交、16S rRNA 基因序列分析等。它们主要是对细菌染色体进行直接的分析或对染色体外的片段进行分析，从遗传进化的角度去认识细菌。由于核酸是储存、传递遗传信息的物质基础，分析核酸的变化可直接揭示有机体之间的亲缘关系，建立以系统发育关系为基础的分类系统。

细菌 DNA 中 G+C 的物质的量百分比的测定是细菌分类鉴定中的一个能反映属、种间亲缘关系的遗传型指征。在《伯杰氏系统细菌学手册》（第 9 版）中，其已成为属、种鉴定的常规方法。DNA G+C 的物质的量百分比的测定有多种方法，其原理也各不相同。最常用的方法是热变性法，即解链温度测定法（T_m 法），此外还有浮力密度法和高效液相色谱法。如果两个菌株的 G+C 的物质的量百分比的差异大于 5%，就可以判定这两株菌不属于同一个种。

16S rRNA 是原核生物核糖体组成成分，其在结构和功能上具有高度保守性，是目前细菌的系统分类学研究中最有用的和最常用的分子钟。细菌的 16S rRNA 基因包括可变区和恒定区，可变区序列因不同细菌而异，恒定区序列基本保守，所以可以利用恒定区序列设计引物将 16S rRNA 基因片段扩增出来，利用可变区序列的差异来对不同菌属、菌种的细菌进行分类鉴定。国际上通行标准认为 16S rRNA 基因序列分析更适用于确定属及属以上分类单位的亲缘关系，主要操作步骤如图 1-6-3 所示。

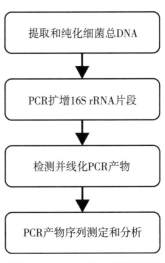

图 1-6-3　16S rRNA 基因序列分析常规操作步骤

利用一些必要的计算机分析软件对 16S rRNA 基因序列进行同源性比较，进而绘制系统进化树。现在比较通用的核酸序列数据库有 Genbank（National Center for Biotechnology Information，http://www. ncbi. nlm. nih. gov）、RDP（Ribosomal Database Project，http://rdp. cme. msu. edu），以及 EzTaxon-e（http://eztaxon-e. ezbiocloud. net）。比较通用的序列分析软件有 Molecular Evolutionary Genetics Analysis version 5（MEGA5）、PHYLIP 3. 69 和 DNASTAR 等。计算不同菌属、菌种之间的遗传距离的方法主要有 Jukes 和 Cantor 方法、Tajima 和 Nei 方法、Kimura 方法及 Jin 和 Nei 方法。

DNA-DNA 杂交（DNA-DNA hybridization，DDH）方法比较两种 DNA 中碱基对的排列顺序是否相似及相似的程度，最适合于细菌种一级水平的研究。目前国际上通行的标准认为同源性在 70% 以下的 2 个菌株可视为不同种的细菌。可以通过分光光度计直接测定变性 DNA 在一定条件下的复性速率，进而用理论推导的公式来计算 DNA-DNA 之间的杂交率。此外常用的还有探针标记法。

随着高通量测序技术的普及，基因组测序越来越方便，价格越来越便宜。因此，这种可重复、可靠、信息量大的基因组学方法已经被广泛地应用到原核生物之间的系统发育关系的研究中。近年来，基于基因组序列的相关性计算已经开发出很多生物信息学方法用于替代 DDH 去区分不同种的细菌。其中平均核苷酸同一性（average nucleotide identity，ANI）和数字 DNA-DNA 杂交（digit DDH，dDDH）的应用最为广泛。

ANI 的计算通常涉及基因组序列的片段化，核苷酸序列的搜索比对和同一性计算。目前最常用的是改进的 OrthoANIu 方法，该方法分析简单快速而且准确性高，并且同时适用于一对基因组序列之间和大规模基因组之间的 ANI 值计算。95%～96% 是目前公认的 ANI 的分类阈值。OrthoANIu 比对可以在网站 https：//www. ezbiocloud. net/tools/orthoaniu 上进行。

dDDH 主要用于两个物种基因组之间的距离计算，相比较于传统的 DNA-DNA 杂交技术，其不仅能够从总体上估计菌株在基因组水平上的相似性，而且更重要的是可以建立进行生物信息学比较的数据库。如果两个相似生物的基因组计算的 dDDH 值低于 70%，那么将它们视为不同物种，即 70% 是现公认的 dDDH 分类阈值。dDDH 分析可以在网站 http：//ggdc. dsmz. de/ggdc. php 上进行。

七、微生物保藏技术

保藏技术是微生物理论研究和生产应用中一项重要技术。微生物保藏要做到使菌株在一定时间内不会死亡、不会被污染、不会丢失重要的生物学性状，否则研究工作就难以延续。至今微生物保藏方法有 20 多种，总体可分为三大类：传代法、干燥法、冷冻法。其原理主要是运用干燥、低温和隔绝空气的手段，降低微生物菌株的新陈代谢速度，使菌体生命活动处于半永久性休眠状态，从而达到保藏目的。本部分将简介常见保藏方法的原理并列出国内外权威菌种保藏机构。在实验十二中将具体介绍各种保藏方法的操作步骤。

（一）常用的菌种保藏的方法

1. 传代培养保藏　传代培养是微生物保藏的基本方法，常用的有琼脂斜面培养、半固体琼脂柱培养以及液体培养等。在琼脂斜面上保藏的时间因菌种不同在数周到数年之间。采用该法要注意针对不同的菌种选择合适的培养基，并且在一定的时间内进行转接传代。通常来讲，降低菌种的代谢水平以及防止培养基干燥，可以延长传代保藏的时间。例如，用橡皮塞封口，在培养基表面覆盖液体石蜡，低温放置等。此外，对于某些病原真菌（如疫霉），将其孢子直接重悬于灭菌蒸馏水后置于低温也可获得较好的保藏效果，致病力不容易丢失。

该法的优点是操作简单，存活率高，具有一定的保藏效果。缺点是菌种仍有一定的代谢活动，保存时间不长，传代过多容易造成污染、变异、退化及丢失。

2. 冷冻保藏　该法是实验室中最常用的保藏方法，冷冻菌种，使其代谢活动停止，以实现保藏的目的。大多数微生物都可以通过该法保藏。细胞体积越大，对低温越敏感，无细胞壁的比有细胞壁的敏感，原因是低温冷冻会使细胞内的水分形成冰晶，损伤细胞的各个组分。当从低温取出，随着温度的升高冰晶会长大，所以快速升温可以减少对细胞的损伤。冷冻保藏时所用的保护剂对保藏效果的影响较大。例如，0.5 mol/L 甘油或二甲基亚砜可以渗入细胞，并且通过降低脱水作用而保护细胞；大分子物质，如糊精、血清蛋白、脱脂牛奶或聚乙烯吡咯烷酮等虽然不能透入细胞，但可以通过与细胞表面结合的方式保护细胞。所以，在冷冻保藏时要加入各种保护剂，提高菌种的存活率。

通常来说，温度越低，保藏效果越好。在常见的冷冻保藏方法中，液氮保藏可以达到 $-196\ ℃$。从适用范围、保藏期限以及性状稳定性等方面来看，该法是常用保藏方法中效果最好的一种。然而液氮保藏需要使用专用的装置，而且要不断补充液氮，所以通常适合于专业的保藏机构使用。相对来说，超低温冰箱保藏被普遍使用，在添加甘油作为保护剂的情况下，于 $-70\ ℃$ 保藏。在没有超低温冰箱的情况下，也可以使用 $-30\sim-20\ ℃$ 冰箱保藏菌种，但是其保藏效果远低于超低温冰箱，使用该法时应注意保持冰箱的温度并经常检查菌种的存活情况。

3. 干燥保藏　水是生命的源泉，其对各项代谢活动至关重要，所以干燥是停止代谢活动，保藏菌种的常用技术。沙土管保藏和真空冷冻干燥保藏是最常用的两项微生物干燥保藏技术。前者多应用于产孢（胞）微生物，如芽孢杆菌和放线菌等。将菌株接种于斜面，等大量孢（胞）子形成后，洗下孢（胞）子，制成孢（胞）子悬液，加入无菌的沙土管中，减压干燥直至抽干水分，然后用石蜡或橡胶塞封口，置于冰箱保存。

真空冷冻干燥保藏是将添加保护剂的微生物样品预先冷冻，然后在真空下靠冰的升华作用去除水分。干燥后的菌种在真空或惰性气体条件下处于休眠状态，可长期保存。此法对菌体细胞的伤害较小，存活率较高，此外，抽真空封闭的安瓿管在保存、运输及使用时都很方便。因此，目前大多数的专业菌种保藏机构都采用真空冷冻干燥保藏作为主要的菌种保藏手段。

除上述方法外，还有纸片保藏、薄膜保藏和宿主保藏等。需要注意的是没有一种保藏方法是通用的，必须针对不同的菌种选择合适的保藏方法，而对于重要的样品则最好采用多种方法进行保藏，保证其重要的生物学性状不会衰退或丢失。

（二）权威菌种保藏机构

1970 年 8 月在墨西哥城举行的第 10 届国际微生物学代表大会上成立了世界菌种保藏联合会（World Federation for Culture Collections，WFCC），同时确定澳大利亚昆士兰大学微生物系为世界资料中心。这个中心用电子计算机储存全世界各菌种保藏机构的有关情报和资料，可以进行查询和索取。中国于 1979 年成立了中国微生物菌种保藏管理委员会（CCCCM）。目前，世界上约有 550 个菌种保藏机构，这里主要简介国内外著名的菌种保藏机构。

1. 国内主要菌种保藏机构

（1）中国普通微生物菌种保藏管理中心（China General Microbiological Culture Collection Center，CGMCC） CGMCC 成立于 1979 年，隶属于中国科学院微生物研究所，是我国最主要的微生物资源保藏机构。自 1985 年起，作为国家知识产权局指定的保藏中心，承担用于专利程序的生物材料的保藏管理工作。1995 年 7 月，经世界知识产权组织批准，获得《布达佩斯条约》国际确认的保藏单位（International Depository Authority，IDA）的资格。2010 年，成为我国首个通过 ISO9001 质量管理体系认证的保藏中心。CGMCC 目前保存各类微生物资源超过 5 000 种、46 000 余株，用于专利程序的生物材料 7 100 余株，微生物元基因文库约 75 万个克隆。

（2）中国典型培养物保藏中心（China Center for Type Culture Collection，CCTCC）CCTCC 为 1985 年由中国专利局指定，经国家教育委员会批准建立的专利微生物保藏机构，受理国内外用于专利程序的微生物保藏。CCTCC 位于武汉大学校园内。1987 年 CCTCC 加入世界菌种保藏联合会，经世界知识产权组织（WIPO）审核批准，自 1995 年 7 月 1 日起成为《布达佩斯条约》国际确认的保藏单位。迄今，CCTCC 保藏有来自 22 个国家或地区的各类培养物 21 000 多株，其中专利培养物 3 800 多株，非专利培养物15 000多株，微生物模式菌株（type strain）1 000 多株，动物细胞系 1 000 多株，动植物病毒 300 多株。

（3）中国农业微生物菌种保藏管理中心（Agricultural Culture Collection of China，ACCC） ACCC 是专业从事农业微生物菌种保藏管理的国家级公益性机构。ACCC 于 1979 年由国家科学技术委员会批准成立，挂靠于中国农业科学院农业资源与农业区划研究所，是国家菌种资源库牵头方，是世界菌种保藏联合会成员之一。目前，ACCC 保藏有各类公开共享的农业微生物菌种 16 872 株，分属于 497 属、1 774 种，覆盖国内主要农业优势微生物资源总量的 35% 左右。

（4）中国工业微生物菌种保藏管理中心（China Center of Industrial Culture Collection，CICC）　CICC 始建于 1953 年，为国家微生物资源平台核心单位，是我国唯一的国家级工业微生物菌种资源保藏管理中心，世界菌种保藏联合会和中国微生物菌种保藏管理委员会成员。目前保藏各类工业微生物菌种资源 12 000 余株、300 000 余份备份，主要包括细菌、酵母、霉菌、食用菌、噬菌体和质粒，涉及食品发酵、生物化工、健康产业、产品质控和环境监测等领域，可提供标准菌株、生产菌株和益生菌等资源，以及芽孢悬液、霉菌孢子悬液和质控微生物等菌种产品。

（5）国家病毒资源库（National Virus Resource Center，NVRC）　NVRC 创建于 1979 年，是国际菌种保藏委员会（WFCC）成员单位，是国内唯一一家专业从事病毒资源保藏与共享的保藏机构。其前身是中国科学院武汉病毒研究所微生物菌毒种保藏中心、中国普通病毒保藏中心、中国科学院典型培养物保藏委员会——病毒库。该平台于 2018 年被国家卫生健康委员会指定为"国家级人间传染的病原微生物保藏中心"；2019 年被国家科学技术部、财政部联合发文指定为"国家病毒资源库"。该平台依托武汉国家生物安全实验室及其生物安全团簇平台，具备所有生物危害等级的菌毒种保藏资质、能力与条件，保藏范围覆盖人类医学病毒、动物病毒、昆虫病毒、植物病毒和噬菌体等活体病毒资源，以及水生病毒、海洋病毒、极地环境病毒遗传资源和相关样本；建立了病毒相关敏感细胞库、参考品库及相关数据库。该平台以保藏活体病毒生物安全级别全、数量大、种类多为优势，是亚洲最大的活体病毒资源库。

（6）中国林业微生物菌种保藏管理中心（China Forestry Culture Collection Center，CFCC）　CFCC 成立于 1985 年，现挂靠中国林业科学研究院森林生态环境与保护研究所，目前保藏有林业微生物菌株 18 000 余株，包括苏云金芽孢杆菌模式菌株等细菌、食用菌等大型真菌、林木病原菌、菌根菌、病虫生防菌、木腐菌、病毒和植原体类等，分属于 803 个属、2 800 余种（亚种或变种）。

（7）中国医学细菌保藏管理中心（National Center for Medical Culture Collections，CMCC）　CMCC 成立于 1979 年，为国家级医学细菌保藏管理中心，20 世纪 80 年代中期加入世界菌种保藏联合会。CMCC 现依托于中国食品药品检定研究院。CMCC 现设有钩端螺旋体、霍乱弧菌、脑膜炎奈瑟氏球菌、沙门氏菌、大肠埃希氏菌、布氏杆菌、结核分枝杆菌、绿脓杆菌等专业实验室，拥有 103 属、601 种、11 056 株、280 000 余份国家标准医学菌（毒）种，涵盖几乎所有疫苗等生物药物的生产菌种和质量控制菌种。

（8）中国兽医微生物菌种保藏管理中心（China Veterinary Culture Collection Center，CVCC）　CVCC 由农业部于 1980 年建立，设在中国兽医药品监察所，专门从事兽医微生物菌种（包括细菌、病毒、原虫和细胞系）的保藏，在中国农业科学院哈尔滨、兰州兽医研究所和上海家畜寄生虫病研究所建立分管单位。CVCC 是国家的菌种保藏机构之一，同时也是中国兽医药品监察所菌种保藏室，是世界菌种保藏联合会数据库的成员。中国兽医微生物菌种保藏管理中心为我国科研院所、高等院校及兽医生物制品的生产企业提供各类兽医微生物菌种。

（9）中国药学微生物菌种保藏管理中心（China Pharmaceutical Culture Collection，CPCC）　CPCC 现挂靠中国医学科学院/北京协和医学院医药生物技术研究所，是国家微生物资源平台的重要组成部分，是世界菌种保藏联合会成员，承担着药学微生物菌种的收集、鉴定、评价、保藏、供应与国际交流等任务。中国药学微生物菌种保藏管理中心现保藏各类药学微生物资源 53 504 株，备份 243 376 份，分属于 659 属、1 377 种。编研出版《中国药用微生物菌种目录》及《中国药学菌种目录》。

（10）广东省微生物菌种保藏中心（Guangdong Culture Collection Center，GCCC）GCCC 是华南地区最大的菌种保藏中心，成立于 1987 年，隶属于广东省微生物研究所，主要从事具有热带亚热带特色的微生物菌种资源分离、收集、鉴定、选育、保藏、交换和应用研究，已经建成包括普通微生物菌种库和专业菌种库在内的华南地区最大的菌种中心，保藏有可用于科研、教学、生产的功能菌种和标准菌种。

（11）台湾生物资源保存及研究中心（Bioresources Collection and Research Center，BCRC） BCRC 主要从事农业、应用微生物、细胞生物技术、基因工程、菌种保藏方法、工业微生物、食品科学、发酵、分子生物学等方面的研究。该保藏中心保存有细菌、真菌、质粒、动物细胞、植物细胞、细菌病毒、重组 DNA 宿主等。

2. 国外主要菌种保藏机构

（1）美国典型菌种保藏中心（American Type Culture Collection，ATCC） ATCC 建立于 1925 年，是世界上最大的、保存微生物种类和数量最多的机构。ATCC 保藏有 900 余属、18 000多株细菌菌株，1 500 余属、49 000多株真菌菌株和 2 000 多种原生生物。此外，ATCC 还保藏了 4 000 多种人类、动物和植物细胞株，以及 2 000 多株动物病毒和 1 000 多株的植物病毒。另外，该中心还提供菌种的分离、鉴定及保藏服务。

（2）日本技术评价研究所生物资源中心（NITE Biological Resource Center，NBRC）NBRC 是由日本经济部、商业部、工业部支持的半政府性质菌种保藏中心，主要从事农业、应用微生物、菌种保藏方法、环境保护、工业微生物、普通微生物、分子生物学等的研究。该中心保藏的细菌、真菌等主要来自本国的其他菌种保藏中心。

（3）美国农业研究菌种保藏中心（Agricultural Research Service Culture Collection，NRRL） NRRL 是由美国农业部农业研究中心支持的政府性质的菌种保藏中心，主要从事农业、应用微生物、基因工程、工业微生物、菌种保藏方法、环境保护、分子生物学、食品安全、普通微生物、分类学的研究。该中心保藏有细菌、真菌、放线菌等。

（4）荷兰微生物菌种保藏中心（The Dutch Centraalbureauvoor Schimmelcultures，CBS） CBS 是半政府性质的保藏中心，主要保藏真菌和酵母菌种等。该中心主要从事菌种保藏方法、分类学、分子生物学、医学微生物学等的研究。该中心保藏有真菌 35 000 余株，酵母 5 500 余株。

（5）韩国典型菌种保藏中心（Korean Collection for Type Cultures，KCTC）：KCTC 是由政府科学技术部门支持的半政府性质的菌种保藏中心，主要从事应用微生物、基因工程、工业微生物、菌种保藏、发酵、分子生物学、分类学等的研究。该中心保藏有细菌、真菌、质粒、动物细胞、动物杂合细胞、植物细胞等。

（6）德国微生物菌种保藏中心（Deutsche Sammlung von Mikroorganismen und Zellkulturen，DSMZ） DSMZ 成立于 1969 年，是德国的国家菌种保藏中心。该中心一直致力于细菌、真菌、质粒、抗生素、人体和动物细胞、植物病毒等的分类、鉴定和保藏工作。该中心是欧洲规模最大的生物资源中心，保藏有细菌、真菌、质粒、动物细胞、植物细胞、植物病毒、细菌病毒等。

（7）英国国家菌种保藏中心（The United Kingdom National Culture Collection，UKNCC）　　UKNCC 是英国国家菌种的保藏中心。该中心提供菌种和细胞服务，保藏的菌种包括放线菌、藻类、动物细胞、细菌、丝状真菌、原生动物、支原体和酵母。

（8）英国食品工业与海洋细菌菌种保藏中心（National Collections of Industrial，Food and Marine Bacterial，NCIMB）　　NCIMB 主要从事分类学、分子生物学的研究和采用冷冻干燥方法保藏菌种。另外该中心提供如下服务：细菌、抗生素、质粒的分离，细菌（非致病细菌）的鉴定，保藏细菌、酵母、质粒等。

02

第二部分
微生物学实验

第一章　微生物细胞染色与形态显微观察

实验一　普通光学显微镜的使用与细菌形态观察

一、实验目的与要求

1. 学习普通光学显微镜的构造、原理，掌握显微镜的使用技术。
2. 学会使用油镜观察细菌的基本形态。

二、实验内容

利用不同的物镜观察细菌标本片，比较不同细菌形态的差异。

三、实验原理

微生物个体很小，必须借助显微镜进行放大后才能用眼观察，有关显微镜的工作原理请参见第一部分微生物显微技术。在显微镜的使用中要注意光路、光线强度的调节。

四、实验材料

显微镜、香柏油、二甲苯、擦镜纸、金黄色葡萄球菌（*Staphylococcus aureus*）和枯草杆菌（又称枯草芽孢杆菌）（*Bacillus subtilis*）玻片标本。

五、实验步骤与方法

1. 准备

（1）**取镜**　打开显微镜箱，右手握住镜臂，取出显微镜，左手托住镜座，将显微镜放置在实验台上，镜座距离实验台边缘约 10 cm。

（2）**检查**　使用前要检查各部位零件是否完好，用纱布将镜身擦拭干净，用擦镜纸擦拭光学部件。

（3）**姿势**　镜检者姿势要端正，一般用左眼观察，右眼用于绘图或记录，两眼必须同时睁开，以减少疲劳，亦可练习左右眼均能观察。

（4）**调节光线**　将低倍镜（一般 8× 或 10×）转至镜筒下方，调节粗调节旋钮，使载物台距离物镜镜头约 1 cm。通过放大或缩小光圈，升高或降低聚光器，调节光源强度，使视野均匀明亮。观察水浸标本时用较弱的光线，观察染色标本时宜用较强的光线。

2. 低倍镜观察　检查标本必须先用低倍镜观察，因为低倍镜视野较大，容易发现目标和确定检查的位置。

将观察的玻片标本置于载物台上，用标本夹夹住，移动推进器，使观察对象处在物镜正下方，转动粗调节旋钮，使载物台升至距标本约 0.5 cm 处，并从目镜观察。此时可适当调节光圈，下降聚光器，使视野亮度合适。同时一边观察一边旋动粗调节旋钮慢慢下降载物台，直到物像出现后再用细调节旋钮调节物像清晰为止。然后移动标本，认真观察标本各部位，找到典型的目标物并将其移至视野中央，准备用高倍镜观察。

3. 高倍镜观察 显微镜的设计一般是共焦点的。低倍镜对准焦点后，转换高倍镜基本上也对准焦点，只需稍微转动细调节旋钮即可。有些显微镜不是共焦点的，转换高倍镜时需用眼睛从侧面观察，避免镜头与玻片相撞损坏镜头和玻片标本。用粗调节旋钮使载物台升至与标本几乎接近的位置（从侧面观察），调节光圈，升降聚光器，使光线的明亮度适宜。用粗调节旋钮慢慢下降载物台至物像出现后，再用细调节旋钮调节至物像清晰为止，找到适宜观察的部位区域，将此部位移至视野中心，准备用油镜观察。

4. 油镜观察

①旋动粗调节旋钮使载物台下降 2 cm，将油镜转至正下方。

②在玻片标本的镜检部位滴上一滴香柏油。

③从侧面观察，旋动粗调节旋钮将载物台缓慢升上来，使油镜浸入香柏油中，其镜头几乎与标本相接。注意，不能压在标本上，不能用力过大，否则容易压碎玻片，损坏镜头。

④从目镜观察，光圈开到最大，调节反光镜，使视野明亮均匀。再旋动粗调节旋钮将载物台缓慢降下来直至视野出现物像为止，然后旋动细调节旋钮校正焦距，获得清晰物像。

如果油镜已经离开油面而仍未见物像，重复③、④操作至物像看清为止。注意，在此过程中不要使用细调节旋钮寻找物像。

⑤用上述②～④步骤中同样的方法观察其他玻片标本。

⑥油镜使用完毕后，将载物台降下，取下标本玻片，用擦镜纸擦去镜头上的香柏油（擦 3 次），再用擦镜纸蘸少许二甲苯擦去镜头上残留油迹，最后用擦镜纸擦去残留的二甲苯。切忌用手或其他纸、布来擦镜头，以免损坏镜头。最后，用纱布擦净显微镜的机械部件。

⑦显微镜使用完毕后，将镜头转成"八"字式，或将最低倍数镜头转至镜筒下方，再降下载物台与聚光器，放平反光镜，拭去灰尘，放回箱中。

⑧显微镜应置于干燥阴凉处，避免在强烈日光下照射。潮湿季节要勤擦镜头或在显微镜箱内放上干燥剂，以免长霉菌而损坏镜头。

六、实验结果与分析

绘图表示所观察玻片标本中菌体的典型形态，并比较它们的不同。

◆**注意事项**

1. 转换镜头时，一定要从侧面注视，切忌用眼睛对着目镜，以免压碎玻片而损坏镜头。

2. 将油镜浸入香柏油时，动作一定要轻。

3. 保持显微镜的清洁，光学和照明部分只能用擦镜纸擦拭，机械部分用布擦拭。

4. 实验结束后一定要在随镜的记录本上登记。

七、问题与思考

1. 为什么光学显微镜最高的分辨率为 0.2 μm?
2. 油镜与普通镜头在使用方法上有何不同?
3. 总结归纳显微镜使用的注意事项。

实验二 细菌的简单染色与革兰氏染色

一、实验目的与要求

1. 学习微生物制片、染色的基本技术。
2. 掌握细菌简单染色、革兰氏染色及无菌操作技术。
3. 进一步观察细菌的基本形态。

二、实验内容

1. 分别制作大肠杆菌和枯草杆菌的涂片,进行简单染色。
2. 制作大肠杆菌和枯草杆菌混合涂片,进行革兰氏染色。

三、实验原理

由于微生物细胞含水量大,一般在 80%~90%,对光线的吸收和反射与水溶液的差别不大,与周围背景没有明显的明暗差异。所以,除了观察微生物活体细胞的运动性、细胞分裂和直接进行菌数计数等特殊用途外,大多数情况下都必须对微生物进行染色。染色后的菌体细胞与背景色差明显,从而能更清楚观察到其形态和结构。

微生物的染色原理见本书第一部分的微生物染色技术。

四、实验材料

1. 菌种 大肠杆菌 (*Escherichia coli*)、枯草杆菌 (*Bacillus subtilis*),以上菌种需在牛肉膏蛋白胨培养基固体斜面上培养 18~24 h。

2. 用具及试剂 酒精灯、火柴、载玻片、擦镜纸、吸水纸、95%乙醇、香柏油、二甲苯、洗瓶和染色缸等。

3. 染料 草酸铵结晶紫染色液、石炭酸复红染色液、碘液和番红染色液。

五、实验步骤与方法

(一)细菌简单染色

1. 涂片 在洁净的载玻片中央滴加一小滴蒸馏水,在酒精灯火焰旁用火焰灼烧后灭菌的接种环挑取少量菌体与水滴充分混合,涂成薄薄的一层菌膜 (图 2-2-1)。用后的接种环需经火焰再次灼烧灭菌。大肠杆菌和枯草杆菌各做一片。

2. 风干 制成的涂片放置在空气中自然干燥,为了节省时间可以将涂片从火焰上方通过几次,以上升的热气流快速蒸发干燥涂片。

3. 固定　手执涂片一端（涂菌面朝上），在酒精灯外火焰上缓慢通过2～3次，以涂片微烫为度（约60 ℃），冷却。

4. 染色　涂片置于玻片架上，加适量（以盖满菌膜为度）草酸铵结晶紫染色液或石炭酸复红染色液于菌膜部位，染1～2 min。

5. 水洗　倾去染色液，用洗瓶的自来水自玻片一端轻轻冲洗，不要直接冲洗涂菌面，至流下的水中无染色液的颜色为止。

6. 干燥　自然干燥或用吸水纸轻轻盖在涂片部位以吸去水分（注意勿擦去菌体）。

7. 镜检　用油镜观察并绘出细菌形态图（低倍镜→高倍镜→油镜）。

滴加无菌水　　　　取菌　　　　　涂片　　　　　干燥　　　　　固定

图2-2-1　细菌涂片制作

（二）细菌的革兰氏染色

1. 涂片　采用三区涂片法（图2-2-2）。在一洁净载玻片的左右及中央各加一小滴蒸馏水，用火焰灭菌的接种环在酒精灯火焰旁取少量大肠杆菌涂于左边的水滴中，并将少量菌液延伸至玻片的中央。将接种环再次火焰灭菌，同样取少量枯草杆菌涂于右边的水滴中，并将少量菌液延伸至玻片中央，与大肠杆菌混合形成含有两种菌的混合区。

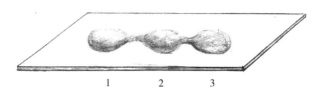

1　　　　2　　　　3

图2-2-2　革兰氏阴性菌和阳性菌混合染色
1. 大肠杆菌区　2. 两菌混合区　3. 枯草杆菌区

2. 干燥　制成的涂片放置在空气中自然干燥，为了节省时间可以将涂片从火焰上方通过几次，以上升的热气流快速蒸发干燥涂片。

3. 固定　手执涂片一端（涂菌面朝上），在酒精灯外火焰上缓慢通过2～3次，以涂片微烫为度（约60 ℃），冷却。

4. 初染　涂片置于玻片架上，加适量（以盖满菌膜为度）草酸铵结晶紫染色液于菌膜部位，染1～2 min。倾去染色液，用自来水小心冲洗并沥干。

5. 媒染　加碘液盖满涂菌面，染1 min。用自来水小心冲洗并沥干。

6. 脱色　滴加95％乙醇，冲洗脱色20～30 s，以流下的冲洗液无色为宜，立即水洗以终止脱色。

7. 复染　滴加番红染色液盖满涂菌面，染色1 min，水洗。晾干或用吸水纸吸干。

8. 镜检　先低倍镜后高倍镜，最后油镜观察，判断大肠杆菌和枯草杆菌的革兰氏染色反应。

革兰氏染色过程如图 2-2-3 所示。

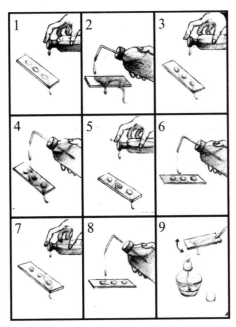

图 2-2-3 革兰氏染色过程示意图
1. 草酸铵结晶紫染色 2. 水洗 3. 碘液媒染 4. 水洗 5. 95％乙醇脱色
6. 水洗 7. 番红复染 8. 水洗 9. 吸水纸吸干

六、实验结果与分析

1. 绘图表示简单染色涂片中的菌体形态。

2. 绘图表示所观察到的混合涂片中菌体形态，并判断革兰氏染色反应的结果。

◆**注意事项**

1. 革兰氏染色成败的关键在于脱色时间。如脱色过度，革兰氏阳性菌也可能被脱去颜色而被误认为是革兰氏阴性菌；相反，脱色时间不够，革兰氏阴性菌未被完全脱色而可能被认为是革兰氏阳性菌。脱色时间的长短还受涂片厚薄、脱色时玻片晃动的快慢以及滴加冲洗乙醇的快慢和乙醇用量等因素的影响，难以严格规定，应当在应用实践中慢慢体会。当对未知菌进行革兰氏反应鉴定时，应同时做一个已知革兰氏阳性菌和革兰氏阴性菌的混合涂片，以便对照。

2. 在第二步对涂片干燥时，注意在火焰上烘烤的时间不能太久，玻片温度不能太高（以约 60 ℃为宜），玻片温度太高会使菌体细胞在固定过程中细胞壁扭曲裂解，导致脱色时染料外泄，革兰氏阳性菌被认为是阴性菌。

3. 染色过程中勿使染色液干涸。用水冲洗后，应吸去玻片上的残水，以免染色液被稀释影响染色效果。干燥时，切勿离火焰太近，因温度太高会破坏菌体形态。

4. 以选用培养 18～24 h 菌龄的细菌为宜。由于菌体死亡或自溶常使革兰氏阳性菌转呈阴性反应。

七、问题与思考

1. 观察细菌为什么要染色？为什么细菌染色多采用碱性染料？
2. 做革兰氏染色涂片为什么不能过于浓厚？革兰氏染色成败的关键一步是什么？
3. 当对未知菌进行革兰氏染色时，怎样能证明你的染色技术和结果的正确性？
4. 革兰氏染色对细菌的菌龄有何要求？为什么？

实验三　细菌特殊结构的染色

一、实验目的与要求

1. 学习并掌握荚膜的染色方法，了解荚膜的形态特征。
2. 学习并掌握芽孢的染色方法，了解芽孢的形态特征。
3. 学习并掌握鞭毛的染色方法，了解鞭毛的形态特征。

二、实验内容

1. 圆褐固氮菌（*Azotobacter chroococcum*）的荚膜染色。
2. 枯草杆菌（*Bacillus subtilis*）的芽孢染色。
3. 荧光假单胞菌（*Pseudomonas fluorescens*）的鞭毛染色。

三、实验原理

细菌荚膜、芽孢、鞭毛的染色原理见本书第一部分微生物染色技术。

四、实验材料

1. 菌种　圆褐固氮菌（*Azotobacter chroococcum*）、枯草杆菌（*Bacillus subtilis*）24～48 h 的牛肉膏蛋白胨固体培养基斜面培养物，荧光假单胞菌（*Pseudomonas fluorescens*）18～24 h 的牛肉膏蛋白胨固体培养基斜面培养物。

2. 用具及试剂　酒精灯、火柴、接种环、载玻片、玻片夹、擦镜纸、吸水纸、香柏油、二甲苯、洗瓶、染色缸、滴管和 95％乙醇等。

3. 染料　石炭酸复红染色液、绘图墨水、5％孔雀绿染色液、番红染色液、银染法鞭毛染色液 A 和银染法鞭毛染色液 B。

五、实验步骤与方法

（一）荚膜染色及观察

1. 涂片　向洁净的载玻片加 1 小滴蒸馏水，用接种环取圆褐固氮菌的菌体少许，轻轻涂在水滴中制成菌悬液。取用滤纸过滤后的绘图墨水 1 滴与菌悬液混合，取另一块边缘平整的载玻片顺势将此菌悬液刮过使其形成均匀的一薄层；或者用接种环蘸取菌悬液在另外的载玻片上划直线（不要往复），使直线呈半透明状薄层为好。

2. 风干　将涂片放置在空气中自然干燥，不要在火焰上方烤片，以免荚膜变形。

3. 固定 在涂菌面上滴 1～2 滴 95％乙醇固定，乙醇自然挥发掉，不用水洗。

4. 染色 加石炭酸复红染色液染色 1 min，倾去染色液（不用水洗），用吸水纸吸干。

5. 镜检 先用低倍镜找到染色后透亮的部位，后用油镜观察。可以看到灰黑色背景和红色菌体间无色部分即为荚膜。

（二）芽孢染色及观察

1. 涂片 在洁净的载玻片上滴 1 滴蒸馏水，用接种环取枯草杆菌的菌体少许于水滴中混匀，涂成薄膜。

2. 风干 制成的涂片放置在空气中自然干燥，为了节省时间可以将涂片置火焰上方，以上升的热气流快速蒸发干燥。

3. 固定 手执涂片一端（涂菌面朝上），在酒精灯外火焰上通过 2～3 次，以涂片微烫为度（约 60 ℃）。

4. 芽孢染色 加 5％孔雀绿染色液 3～5 滴，用木制玻片夹夹住载玻片，在火焰上加热，使其有蒸汽产生，但勿沸腾，如此反复染色 10 min。在染色过程中，根据蒸发情况随时添加染色液或水，使涂面保持不干涸。

5. 脱色 用水冲洗 1 min，至流下的水没有 5％孔雀绿染色液的颜色为止，脱去营养体细胞的颜色。

6. 细胞染色 用番红染色液染色 3 min，倾去染色液，不用水洗，直接用吸水纸吸干。

7. 观察 用油镜进行镜检观察。

（三）鞭毛染色及观察

①用接种环挑取培养 18～24 h 的荧光假单胞菌少许，用悬滴制片法检查细菌的运动性（见附：细菌运动性观察）。如果细菌的运动性很强，即可做鞭毛染色。

②用 1～3 mL 无菌水，将菌苔下部冷凝水附近的菌体洗下，制成均匀的悬浮液，移入另一无菌试管中适温培养 15～30 min。

③用无菌吸管从悬液上部取 1 滴，置于一清洁载玻片一端，将玻片倾斜，使菌液由一端流向另一端。于是在玻片上形成 2～3 条菌液带，待其自然干燥（切勿用火烘烤）。

④用刚刚过滤的银染法鞭毛染色液 A（冬天以在 25～28 ℃的恒温下保温数小时后过滤为宜）染色 5 min（不要加热）。

⑤倾去 A 液，加银染法鞭毛染色液 B 染色 10 min，可在酒精灯上轻微加热 1～2 min，使染样稍冒蒸汽而不干涸。染色后用蒸馏水轻轻冲洗，晾干。

⑥镜检。

六、实验结果与分析

1. 绘图并说明圆褐固氮菌菌体及荚膜的形态特征。

2. 绘图并说明枯草杆菌菌体及芽孢的形态特征（注明芽孢的着生位置）。

3. 绘图并说明荧光假单胞菌菌体及鞭毛的形态特征（注明鞭毛的着生位置）。

◆注意事项

1. 荚膜染色时，染色时间不能太短，否则无法看清菌体，而染色时间如果过长则会导致荚膜也被染上颜色；绘图墨水用量要少，否则会影响观察效果；固定过程不能在火焰上方烤片。

2. 芽孢染色时，选择适当菌龄的菌种，幼龄菌尚未形成芽孢，而老龄菌芽孢囊已经破裂；加热染色时必须维持在染液冒蒸汽的状态，加热沸腾会导致菌体或芽孢囊破裂，加热不够则芽孢难以着色；脱色时要等玻片冷却后进行。

3. 鞭毛染色时，选择活跃生长期的菌株进行染色；载玻片要求极为干净无油污；菌悬液处理时间过长会导致菌体鞭毛膨胀过大与脱落，处理时间过短，鞭毛纤细不易着色；染液最好当日配制。

七、问题与思考

1. 为什么荚膜染色中不用文火固定而用化学固定？
2. 芽孢染色的原理是什么？
3. 鞭毛染色前为什么要进行活细菌运动性检查？
4. 鞭毛染色应掌握哪些环节？注意些什么问题？

附：细菌运动性观察

具有鞭毛的细菌可以在液体中活跃地运动，速度可达到 15 μm/s，可以采用悬滴法在普通光学显微镜或采用压滴法直接在相差显微镜下观察。具有鞭毛的细菌可在半固体琼脂中呈扩散性生长，故采用半固体琼脂也可直接从生长情况推测有无鞭毛。

一、实验材料

1. 菌种　连续活化 4～5 代后在斜面上培养 12～18 h 的荧光假单胞菌（*Pseudomonas fluorescens*）、金黄色葡萄球菌（*Staphylococcus aureus*）和枯草杆菌（*Bacillus subtilis*），或在液体培养基中培养 8～10 h 的同样菌种。

2. 培养基　半固体培养基（0.5%琼脂）。

3. 用具　凹玻片、载玻片、盖玻片、接种环（针）、酒精灯及火柴、洗瓶及废液缸、无菌空试管和（相差）显微镜等。

二、实验步骤与方法

1. 压滴法

（1）制备菌液　液体培养物可直接使用；若采用斜面培养物，可在新鲜培养物上滴加 3～4 mL 无菌水，制成轻度混浊的菌悬液。

（2）压片　取 20～30 μL（视盖玻片大小）新鲜菌液至干净的载玻片上，勿使盖玻片周围出现多余的菌液，用镊子取盖玻片，先将盖玻片与载玻片呈 45°小心接触菌液，然后盖在菌液上，避免产生气泡。

（3）镜检　用相差显微镜观察样品（先低倍镜，后高倍镜观察），可以明显区分菌体的活跃运动和菌体的布朗运动，前者为向着一个方向的持续运动，而后者则为左右前后无明显方向的晃动。

2. 悬滴法

（1）制备菌液 同压滴法。

（2）悬滴制片 取干净的凹玻片，在其凹槽四周涂上少量的凡士林；取 20～30 μL 新鲜菌液至干净的盖玻片上，将凹玻片的凹槽小心对准盖玻片上的菌液，轻盖在盖玻片上，使两者粘住，反转凹玻片，轻压盖玻片使凡士林均匀封闭四周，避免菌液干燥。

（3）镜检 适当调节光圈和聚光器，防止虚光，增大反差；若液滴面积不大，先用低倍镜找到样品，再用高倍镜观察，菌体较为明亮。若采用暗视野显微镜，在较暗的背景中菌体明亮，运动清晰可见。

◆**注意事项**

1. 载玻片要求极为干净，无油污（最好用新的硬质载玻片）。

2. 应注意区别菌体的运动和颗粒的布朗运动。

3. 若菌液过少，或密封不严，菌液蒸发，体积减小，可见大量菌体向一个方向流动，这种情况不是菌体的运动；若菌液过多，操作时使菌液流动，也可造成同样的现象。应区别这种大群体的流动和菌体的运动。

3. 半固体穿刺法 用较直的接种针分别蘸取菌种，沿轴心穿刺接种于半固体琼脂试管中（18 mm ×180 mm），深 5～8 cm，37 ℃培养 24～48 h 后观察。

沿半固体试管轴线向四周呈垂直方向生长的细菌为运动性细菌，仅沿轴线生长的细菌不具有运动性（图 2-3-1）。

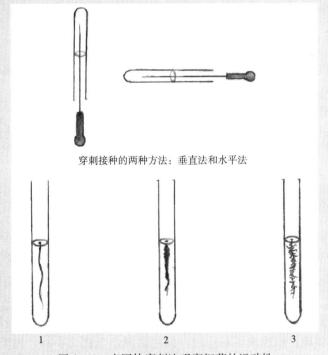

穿刺接种的两种方法：垂直法和水平法

图 2-3-1 半固体穿刺法观察细菌的运动性
1. 穿刺后半固体试管示意图 2. 不具备运动性的细菌生长形态
3. 具备运动性的细菌生长形态

实验四　放线菌形态的观察

一、实验目的与要求

掌握用插片法和印片法观察放线菌的菌丝、孢子丝和孢子形态特征的技术。

二、实验内容

1. 用插片法培养放线菌，并观察放线菌的菌丝、孢子丝和孢子的形态。
2. 用印片法观察放线菌的菌丝、孢子丝和孢子的形态。

三、实验原理

放线菌为单细胞的丝状体，分枝频繁，一部分菌丝在培养基中延伸称基内菌丝；另一部分生长在培养基表面称气生菌丝，气生菌丝的顶端分化为孢子丝，孢子丝为螺旋状、波浪状或直线状。孢子丝形成成串或单个的分生孢子。孢子丝及分生孢子的形状、大小因不同放线菌而各异，是放线菌分类的重要依据之一。由于大量孢子的产生，放线菌菌落晚期表面出现粉状（即形成了分生孢子），呈同心圆，辐射状，干燥，菌丝与培养基结合紧密，不易挑取。孢子丝与孢子可附着在固体基质表面，但其自然状态容易被外力破坏，造成观察困难，可以在放线菌生长的培养基中插进盖玻片，使放线菌的孢子丝和孢子紧贴盖玻片表面生长，取出盖玻片，观察盖玻片上的样品，获得孢子丝的真实生长情况。也可采用微滴培养法，观察基内菌丝、气生菌丝、孢子丝和孢子的完整自然生长情况。

四、实验材料

1. 菌种　细黄放线菌（5406）（*Actinomyces microflavus*）、灰色链霉菌（*Streptomyces grisells*）。

2. 培养基　高氏一号合成培养基。

3. 用具　尖头镊子、载玻片、盖玻片、酒精灯、火柴、培养皿、刮铲、接种铲、移液管和显微镜等。

4. 染料　石炭酸复红染色液。

五、实验步骤与方法

1. 插片法

①取熔化后冷却至50 ℃的高氏一号合成培养基倒入培养皿中，每皿16～18 mL，冷凝待用。

②用4～6 mL无菌水将斜面菌种上的孢子洗涤下来，制成孢子悬液。

③用无菌移液管取0.2 mL孢子悬液至高氏一号平板，用刮铲将悬液均匀涂布；待平板表面稍干后取无菌盖玻片斜插进培养基内，插片稍倾斜（图2-4-1），视需要每皿10～20片即可；28 ℃培养5～7 d待用。无插片的平板可用于印片法。

④用镊子顺插片方向小心取下插片，将插片平放在载玻片上，为防止操作中插片移动，可用一小滴胶在无菌丝生长的位置粘住插片。

⑤镜检。先用低倍镜在插片上找到放线菌的生长区域，将菌丝均匀的区域调整到视野中心，换高倍镜观察。注意气生菌丝、孢子丝、孢子的形态。

图 2-4-1　插片法培养放线菌

2. 埋片法（适用无气生菌丝的放线菌）

①平板和菌液的制备同插片法。

②在制备好的平板上用无菌小刀切下 1 cm×5 cm 的小槽，挑出琼脂条，在小槽中接种孢子或菌丝，将无菌盖玻片平放在小槽上，28 ℃培养，时间视不同菌种而定。

③镜检。同插片法，可观察到基内菌丝、孢子丝和孢子。

3. 印片法

（1）制片　取干净载玻片一块，用接种铲或小刀连培养基一同切取一块（约 0.25 cm² ）完整菌苔；用接种针小心地将菌落移到载玻片上，菌落正面朝上，用另一块载玻片轻轻按压菌落，然后将第二块载玻片垂直向上取下，注意不要使载玻片在菌落上滑动，否则可使印痕模糊不清。

（2）固定　将带有放线菌孢子印的第二块载玻片用火焰加热固定。

（3）染色　用石炭酸复红染色液染色 1 min，水洗，晾干（不能用吸水纸吸干）。

（4）镜检　先用低倍镜，后用高倍镜和油镜观察。油镜观察时，注意区别气生菌丝、孢子丝和孢子的形态及排列方式。

六、实验结果与分析

绘图并说明细黄放线菌（5406）和灰色链霉菌的基内菌丝、气生菌丝及孢子丝的形态及结构特征。

◆**注意事项**

1. 倒平板要厚一些，接种时划线要密。观察时，宜用略暗光线，先用低倍镜找到适当视野后再更换高倍镜观察。

2. 在插片法过程中，注意在移动附着有菌体的盖玻片时勿碰动菌丝体，必须使菌面朝上，以免破坏菌丝体形态。

3. 在印片法过程中，用力要轻，且不要错动，染色水洗时水流要缓，以免破坏孢子丝形态。

七、问题与思考

1. 镜检时如何区分放线菌基内菌丝、气生菌丝及孢子丝？

2. 试比较细菌和放线菌的异同。

3. 常用的观察放线菌的方法有哪些？各有何特点？

实验五 酵母和丝状真菌菌体及孢子形态观察

一、实验目的与要求

1. 学习自制水浸片观察酵母菌及丝状真菌的形态，了解 3 种常见丝状真菌的形态特征。

2. 学习观察接合孢子、酵母的子囊孢子及伞菌的担子和担孢子的方法。

二、实验内容

1. 制作水浸片观察酵母、根霉、青霉和曲霉菌体的特征形态。

2. 制作水浸片观察犁头霉的接合孢子、酵母的子囊孢子、伞菌的担子和担孢子。

三、实验原理

酵母是单细胞真菌，通常呈圆形、椭圆形或卵圆形，在高倍镜下即能观察清楚。无性繁殖以芽殖为主。一般通过亚甲蓝染色液水浸片法来观察酵母形态及出芽繁殖方式。同时，采用亚甲蓝染色液水浸片法可以对酵母菌的死、活细胞进行鉴别。亚甲蓝对细胞无毒，其氧化型呈蓝色，还原型呈无色。由于新陈代谢，活细胞内有较强的还原能力，因此活细胞呈无色，死细胞呈淡蓝色或蓝色。

丝状真菌可产生复杂分枝的菌丝体，分基内菌丝和气生菌丝。气生菌丝生长到一定阶段可分化产生繁殖菌丝，再产生各种类型的孢子。观察丝状真菌的形态有多种方法，常用的有下列 3 种。

1. 直接制片观察法 将培养物置于乳酸石炭酸棉蓝染色液中，制成丝状真菌制片镜检。用此染色液制成的丝状真菌制片的特点是：细胞不变形，具有防腐作用，不易干燥，保持时间较长，防止孢子飞散，染色液的蓝色能增强反差。必要时，还可用树胶封固，制成永久标本长期保存。本实验采用这种方法。

2. 载玻片培养观察法 用无菌操作将培养基琼脂薄层置于载玻片上，接种后盖上盖片培养，丝状真菌即在载玻片和盖玻片之间的有限空间内沿盖玻片横向生长。培养一段时间后，将载玻片上的培养物置显微镜下观察。这种方法既可以保持丝状真菌自然生长状态，还便于观察不同发育期的培养物。

3. 玻璃纸培养观察法 丝状真菌的玻璃纸培养观察方法与放线菌的玻璃纸培养观察方法相似。这种方法用于观察不同生长阶段丝状真菌的形态，也可获得良好的效果。

真菌的繁殖菌丝及孢子的形态特征、着生方式是分类的重要依据。接合孢子是接合菌的一种有性孢子，由 2 条不同性别的菌丝特化的配子囊接合而成，有同宗配合和异宗配合 2 种方式。根霉和蓝色犁头霉（*Absidia coerulea*）的接合孢子都属于异宗配合，将它们 2 种不同性别的菌丝（分别记为"＋"和"－"）接种在同一培养基平板中，经一定时间培养后，交界处即可产生接合孢子。酵母的有性繁殖一般产生子囊孢子。蘑菇等伞菌的子实体形如伞状，伞状菌盖腹面有辐射状的菌褶，在菌褶内形成担子和有性孢子——担孢子。

四、实验材料

1. 菌种　曲霉（*Aspergillus* sp.）、青霉（*Penicillium* sp.）、根霉（*Rhizopus* sp.）、培养 2～5 d 的马铃薯琼脂平板培养物、酿酒酵母（*Saccharomyces cerevisiae*）液体培养物、蓝色犁头霉（*Absidia coerulea*）的"＋"和"－"菌株各 1 支、从栽培场所或野外采集的成熟的伞菌子实体（也可用商品干菇代用）。

2. 培养基　马铃薯琼脂培养基、克氏培养基或麦氏培养基的试管斜面。

3. 用具及试剂　无菌吸管、培养皿、载玻片、盖玻片、接种针、接种环、解剖针、镊子、酒精灯、显微镜、50％乙醇、20％甘油、50 g/L KOH 溶液和蒸馏水等。

4. 染料　乳酸石炭酸棉蓝染色液、0.1％亚甲蓝染色液和石炭酸复红染色液。

五、实验步骤与方法

（一）酵母形态观察

滴加一滴 0.1％亚甲蓝染色液于载玻片中央，取一滴酿酒酵母液体培养物于载玻片上，轻轻盖上盖玻片，在高倍镜下观察酵母菌菌体的形状，并注意其出芽生殖情况和成簇细胞的形成，并根据细胞颜色区分死、活细胞。

染色 30 min 后再次观察，注意死、活细胞比例是否发生变化。

（二）根霉、青霉、曲霉菌体形态特征观察（直接水浸片法）

在载玻片上加一滴乳酸石炭酸棉蓝染色液，用解剖针从丝状真菌菌落边缘处挑取少量已产孢子的丝状真菌菌丝，先置于 50％乙醇中浸一下以洗去脱落的孢子，再放在载玻片上的染色液中，用解剖针小心地将菌丝分散开。盖上盖玻片，置低倍镜下观察，必要时换高倍镜观察。注意观察根霉的假根、匍匐菌丝、孢子囊梗、孢子囊等结构，观察青霉的帚状分生孢子梗及曲霉的分生孢子头、瓶状分生孢子梗、足细胞等特征结构。

（三）蓝色犁头霉接合孢子的观察

1. 倒平板　按无菌操作法，将已熔化的马铃薯琼脂培养基倒入无菌平板中，凝固后接种。

2. 接种　用接种环挑取蓝色犁头霉"＋"菌株的少许菌丝，在平板左侧点接，接种环灼烧后，再挑取"－"菌株的菌丝在平板右侧点接。

◆**注意事项**

两菌之间应有一定距离，菌种在接合培养前要活化 2～3 代。

3. 培养　将接种好的平板在 28～30 ℃下培养 5 d 后观察。

4. 制片与观察　取 1 块干净载玻片，滴加 1 滴蒸馏水或乳酸石炭酸棉蓝染色液，用解剖针挑取"＋""－"菌丝间的菌丝少许，用 50％乙醇浸润并用水洗涤后放于其中，小心地分散菌丝，加盖盖玻片后先置低倍镜下观察，必要时再转换高倍镜。注意观察接合孢子形成的不同时期，以及接合孢子和配子囊的形态。

（四）酿酒酵母子囊孢子的观察

1. 子囊孢子的培养　将酿酒酵母用马铃薯培养基活化 2～3 代后，转接于克氏或麦氏斜面培养基上，于 25 ℃培养 3～5 d，即可形成子囊孢子。

2. 制片与观察　于载玻片上加蒸馏水 1 滴，取子囊孢子培养体少许放入水滴中制成涂片，干燥固定后用石炭酸复红染色液加热染色 5～10 min（不能沸腾），倾去染色液，用酸性乙醇冲洗 30～60 s 脱色，再用水洗去乙醇，最后加亚甲蓝染色液染色，数秒钟后用水洗去染色液，用吸水纸吸干后置显微镜下镜检。子囊孢子为红色，菌体为青色。

（五）伞菌子实体的压片观察

①取载玻片和盖玻片数块，用干净纱布擦净后，用镊子夹住分别在酒精灯火焰上来回通过几次，以进一步烧去玻片上所沾染的有机物。

②在冷却的载玻片中央加 1 小滴蒸馏水（如果选用干标本作为观察材料，可用 50 g/L KOH 溶液代替蒸馏水，能使干缩的担子及担孢子等组织结构复原到原来大小），再用尖头镊子在菌褶中间部分夹取米粒大小的 1 块褶片置于载玻片上的蒸馏水或 KOH 溶液中，并用解剖针将褶片分散（若用干菇，则要待稍浸润后再分散）。

③取 1 块盖玻片先使一边浸在载玻片上的溶液中，慢慢将盖玻片加盖在分散的褶片上，尽量不要把气泡封闭在盖玻片内。

④用铅笔上的橡皮头挤压或轻轻敲打盖玻片（注意不要把盖玻片敲碎），至观察材料呈极薄的膜状分散后，即可置于显微镜下，先低倍镜后高倍镜观察。如果光线太强，可以通过升降聚光器或调节光圈，减弱视野亮度，便可清楚地看到担子、担孢子或其他结构的大小、形状和排列状态。

六、实验结果与分析

1. 绘图表示酵母菌体的形状，并注意其出芽生殖情况和细胞成簇的形成。
2. 绘图表示曲霉、青霉和根霉的形态，并注明各部分典型结构的名称。
3. 绘图蓝色犁头霉接合孢子、酵母的子囊和子囊孢子以及伞菌担孢子着生在担子上的形态图，注明各部分的名称。

◆**注意事项**

1. 制作酵母水浸片时，滴加染色液要适中，否则用盖玻片覆盖时，染色液过多会溢出，过少会产生大量气泡；盖玻片要倾斜缓慢覆盖，以免产生气泡。亚甲蓝浓度不宜过高，染色时间不宜过长，否则对细胞活性有影响；做好水浸片后马上观察，否则液滴容易风干，酵母容易失水变形或死亡。

2. 制作水浸片观察霉菌形态时，挑菌和制片时要细心，尽可能保持霉菌自然生长状态；加盖玻片时勿压入气泡，以免影响观察。

3. 观察蓝色犁头霉接合孢子时注意挑取"＋"和"－"菌丝交界处的菌丝。

4. 制作担孢子水浸片时，要轻轻敲打盖玻片，不要把盖玻片敲碎。

七、问题与思考

1. 在酵母染色时，为什么有的细胞呈无色，有的细胞呈蓝色？
2. 进行丝状真菌营养体自然生长结构观察的技术有哪些？在操作中应注意哪些问题？
3. 真菌的无性孢子、有性孢子各有哪些？各有何特点？

实验六 微生物细胞数量和大小的测定

一、实验目的与要求

1. 学习测微尺的使用，掌握测量微生物细胞大小的方法。
2. 学习血细胞计数板的使用，掌握微生物细胞的显微镜直接计数法。

二、实验内容

1. 用显微测微尺测定酵母细胞的大小。
2. 应用血细胞计数板测定酵母的数量。

三、实验原理

1. 测微尺的构造及其测定原理 由于微生物细胞很小，一般只能在显微镜下测量。用于测量微生物细胞大小的工具有目镜测微尺和镜台测微尺。目镜测微尺是一块圆形玻片，在玻片中刻有精确等分的刻度（图 2-6-1）。测量时，将其放在目镜中的隔板上来测量经显微镜放大后的细胞物像。由于不同的显微镜放大倍数不同，同一显微镜在不同的目镜、物镜组合下，其放大倍数也不相同，而目镜测微尺是处在目镜的隔板上，每格实际表示的长度不随显微镜的总放大倍数的放大而放大，仅与目镜的放大倍数有关，只要目镜不变，它就是定值。而显微镜下的细胞物像是经过了物镜、目镜 2 次放大成像后才进入视野的，即

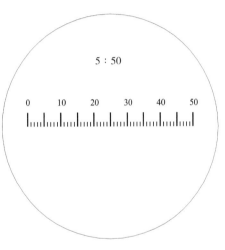

图 2-6-1 目镜测微尺

目镜测微尺上刻度的放大比例与显微镜下细胞的放大比例不同，只是代表相对长度，所以使用前须用置于镜台上的镜台测微尺校正，以求得在一定放大倍数下实际测量时的每格长度。

镜台测微尺（图 2-6-2）是中央部分刻有精确等分线的载玻片。一般将 1 mm 等分为 100 格，每格长 10 μm（即 0.01 mm），是专用于校正目镜测微尺每格长度的。校正时，将镜台测微尺放在载物台上。由于镜台测微尺与细胞标本是处于同一位置，都要经过物镜和目镜的两次放大成像进入视野，即镜台测微尺随着显微镜总放大倍数的放大而放大，因此从镜台测微尺上得到的读数就是细胞的真实大小。所以用镜台测微尺的已知长度在一定放大倍数下校正目镜测微尺，即可求出目镜测微尺每格所代表的长度，然后移去镜台测微尺，换上待测标本片，用标定好的目镜测微尺在同样放大倍数下测量微生物大小。

2. 血细胞计数板测定微生物细胞数量 使用血细胞计数板（图 2-6-3）在显微镜下直接计数是一种常用的微生物直接计数方法，主要用于细菌、酵母、霉菌孢子等菌悬液的计数。其优点是直观、快速和操作简单，缺点是所测得的结果包括死菌和活菌。计数板上由 4 条槽构成 3 个平台，中间较宽的平台再被一短槽分隔为两半，每一边的平台上分别刻有 1 个方格网，每个方格网共分为 9 个大方格，中间的大方格即为计数室。计数室的刻度一般有 2 种规

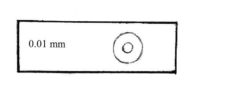
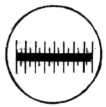

镜台测微尺外观   放大的台尺

图 2-6-2 镜台测微尺

格，一种是 1 个大方格分成 25 个中方格，每个中方格又进一步分成 16 个小方格；另一种是 1 个大方格先分成 16 个中方格，然后再将每个中方格分成 25 个小方格，总之无论哪一种方法，每个大方格均被分成 400（25×16 或 16×25）个小方格。每个大方格的边长为 1 mm，则每个大方格的面积为 1 mm^2，盖上盖玻片后，盖玻片与载玻片之间的高度为 0.1 mm，所以计数室的容积为 0.1 mm^3（1/1 000 mL）。在显微镜下计数一定数量小格中的细胞数量即可算出样品中的微生物细胞数量。

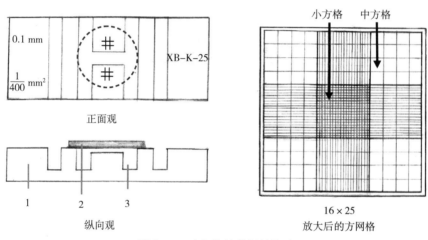

图 2-6-3 血细胞计数板的构造
1. 血细胞计数板 2. 盖玻片 3. 计数室

四、实验材料

1. 菌种 酿酒酵母斜面菌种。

2. 用具 显微镜、目镜测微尺、镜台测微尺、血细胞计数板、盖玻片、载玻片、滴管、毛细吸管等。

五、实验步骤与方法

(一) 测量微生物细胞大小

①目镜测微尺的标定。把目镜的上透镜旋下，将目镜测微尺的刻度朝下轻轻地装入目镜的隔板上，把镜台测微尺置于载物台上，使刻度朝上。先用低倍镜观察，对准焦距，视野中看清镜台测微尺的刻度后，转动目镜，使目镜测微尺与镜台测微尺的刻度平行，移动推动器，使两尺重叠，再使两尺的"0"刻度完全重合，定位后，仔细寻找两尺的第二个完全重

合的刻度（图 2-6-4）。计数两重合刻度之间目镜测微尺的格数和镜台测微尺的格数。因为镜台测微尺的刻度每格长 10 μm，所以由下列公式可以算出目镜测微尺每格所代表实际长度。

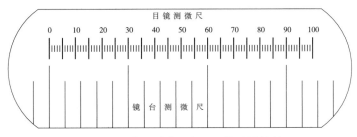

图 2-6-4　校正时台尺与目尺的重叠情况

$$目镜测微尺每格长度/\mu m=\frac{两重合线间镜台测微尺格数}{两重合线间目镜测微尺格数}\times10$$

例如，目镜测微尺 5 小格等于镜台测微尺 2 小格，已知镜台测微尺每小格为 10 μm，则 2 小格的长度为 2×10 $\mu m=20$ μm，那么相应地在目镜测微尺上每小格长度为：（2×10 μm）/5＝4 μm。

用同样的方法分别校正在高倍镜下和油镜下目镜测微尺每小格所代表的长度。

由于不同显微镜及附件的放大倍数不同，因此校正目镜测微尺必须针对特定的显微镜和附件（特定的物镜、目镜、镜筒长度）进行，而且只能在这特定的情况下重复使用。当更换不同放大倍数的目镜或物镜时，必须重新校正目镜测微尺每一格所代表的长度。

②将酵母斜面制成一定浓度的菌悬液。

③取 1 滴酵母菌悬液制成水浸片。

④移去镜台测微尺，换上酵母水浸片，先在低倍镜下找到目的物，然后在高倍镜下用目镜测微尺来测量酵母菌体的长、宽各占几格（不足 1 格的部分估计到小数点后 1 位数）。测出的格数乘上目镜测微尺每格的长度，即等于该菌的长和宽。一般测量菌的大小要在同一涂片上测定 10～20 个菌体，求出平均值。

（二）应用血细胞计数板测定酵母菌的数量

1. 菌悬液的制备　用适量的无菌生理盐水将酿酒酵母制成浓度适中的菌悬液。

2. 血细胞计数板的检查　在使用计数前，先对计数板的计数室进行一次镜检。如果有污物则需要进行清洗，吹干后方能使用。

3. 菌悬液加样　将清洁干燥的血细胞计数板盖上盖玻片，用无菌毛细吸管吸取少量混合均匀的酿酒酵母菌悬液，在盖玻片的边缘、载玻片的凹槽中轻轻滴上 1 小滴菌悬液，菌液将沿着凹槽和缝隙自动渗透到计数室内，待计数室内充满菌悬液后静置 5 min 待用。如果计数室中有气泡出现或加样过多，则需要清洗、晾干后重新制备。

4. 显微镜计数　将已经加样好的血细胞计数板放置于显微镜的载物台上，先用低倍镜找到计数室位置，再换成高倍镜进行计数；或者直接用高倍镜先找到横线或者竖线后再找到计数室进行计数。计数时按照 5 点取样方法进行（4 个角和中央各 1 个格），分别取 5 个中方格进行计数，每个中方格中再取 5 个小方格进行计数，然后计算平均值和含菌量。

5. 清洗血细胞计数板　计数完毕后，将血细胞计数板取下在水龙头上用水冲洗干净，自然晾干或者用吹风机吹干，镜检每个小方格中是否有残留菌体或污物，如果不干净则需要重新进行清洗。在清洗血细胞计数板时，切忌用硬物洗刷。

◆**注意事项**

1. 调节显微镜光线的强弱能够帮助快速找到计数室。如果计数室含菌量太密难以计数，则需要调整稀释倍数后再重新进行计数。

2. 计数时如果遇酵母出芽，当芽体大小达到母细胞的一半时，则作为 2 个菌体计算，否则作为 1 个菌体计算。

3. 计数时压线的菌体一般以方格的上线和方格的右边线上的菌体进行计数。

六、实验结果与分析

1. 将目镜测微尺校正结果填入表 2-6-1，将测量微生物大小的实验结果填入表 2-6-2，并计算酵母菌的平均大小，用"宽×长"表示，注明单位。

表 2-6-1 目镜测微尺校正结果

物镜	目镜测微尺格数	镜台测微尺格数	目镜测微尺校正值/μm
10×			
40×			
100×			

表 2-6-2 酵母菌大小测定记录

项目	1	2	3	4	5	6	7	8	9	10	11	12	13	14	15	平均值/μm
长（格）																
宽（格）																

2. 将测量微生物数量的实验结果填入表 2-6-3，A 表示 5 个中方格的总菌数，B 表示菌液的稀释倍数。

表 2-6-3 酵母菌数量测定记录

计数室	各中格中的菌数					A	B	2室平均数	菌数（个/mL）
	1	2	3	4	5				
第一室									
第二室									

计数时，一般在每个计数室中取 5 个中方格进行计数（5 点取样），然后求得每个中方格的平均值，再乘以 25 或 16 就得出 1 个大方格中的总菌数，再换算成 1 mL 菌液中的总菌数。

设 5 个中方格中的总菌数为 A，菌液的稀释倍数为 B。如果是 25 个中方格的计数板，则计算方法为：

$$1 \text{ mL 菌液中的总菌数} = A/5 \times 25 \times 10^4 \times B = 50\ 000A \times B$$

如果是 16 个中方格的计数板，则计算方法为：

$$1 \text{ mL 菌液中的总菌数} = A/5 \times 16 \times 10^4 \times B = 32\ 000A \times B$$

七、问题与思考

1. 为什么更换不同放大倍数的目镜或物镜时，必须用镜台测微尺重新对目镜测微尺进行校正？

2. 在不改变目镜和目镜测微尺，而改用不同放大倍数的物镜来测定同一细菌的大小时，其测定结果是否相同？为什么？

3. 应用血细胞计数板测定微生物细胞数量的适用范围及注意事项有哪些？

实验七　大肠杆菌噬菌斑的观察

一、实验目的与要求

学习并掌握噬菌体的分离方法，观察噬菌斑的形态和大小。

二、实验内容

1. 采取可能有噬菌体的下水道污水样本。
2. 通过双层平板法分离样品中噬菌体。

三、实验原理

噬菌体是侵染细菌、放线菌的病毒，是专性活细胞寄生物，在自然界中，伴随宿主细菌的分布而分布。自然界中凡有细菌和放线菌的地方，一般都会有相应的噬菌体存在。噬菌体对宿主具有高度专一性，可以利用此宿主作为敏感菌株培养、分离相应的噬菌体。在有宿主细菌生长的固体琼脂平板上，噬菌体能裂解细菌或限制被感染细菌的生长繁殖，从而形成透明的空斑，称为噬菌斑（plaque）。不同的噬菌体，宿主形成的噬菌斑的形状、大小、透明度不同。温和噬菌体侵染细菌后呈原噬菌体（或称前噬菌体）状态，一般不引起细菌裂解，使宿主成为溶源性细菌，在肉汁陈琼脂平板上产生的透明噬菌斑中心形成菌落。从适合其宿主生存的工厂周围土壤、污水、空气、异常发酵液中可分离出噬菌体。经适当稀释，一般一个噬菌体可形成一个噬菌斑，可以从中挑出一个噬菌斑继续纯化。

四、实验材料

1. 菌种　大肠杆菌（37 ℃培养 18～24 h）斜面。

2. 培养基　牛肉膏蛋白胨培养基。

3. 用具　台式离心机、恒温箱、培养皿、试管、移液管、玻璃涂棒、细菌滤器（孔径 0.22 μm）、离心管、抽滤瓶、锥形瓶等。各种器皿均需在应用前灭菌。

五、实验步骤与方法

1. 制底层平板　将熔化并冷却至 45 ℃左右的牛肉膏蛋白胨固体培养基倒入无菌培养皿中，每皿 10～12 mL，制备 10 个平板，凝固后备用。

2. 制备菌悬液　37 ℃培养 18 h 的大肠杆菌斜面 1 支，加 4 mL 无菌水洗下菌苔，制成菌悬液；另在 100 mL 牛肉膏蛋白胨液体培养基中加 1 mL 大肠杆菌菌悬液 37 ℃下培养 18 h。

3. 取样　取可能有噬菌体的下水道污水样本 20 mL，4 000 r/min 离心 10 min。

4. 增殖培养　取上清液 1 mL 加在接种 1 mL 大肠杆菌悬浮液的 30 mL 牛肉膏蛋白胨液体培养基中，37 ℃培养 24 h。

5. 制备裂解液　将上述培养液以 2 500 r/min 离心 15 min，上清液用细菌滤器过滤除去细菌。

6. 稀释　滤液用在牛肉膏蛋白胨液体培养基中培养的大肠杆菌菌液按 1∶10 的比例稀释 3～4 次。

7. 制上层平板　吸取不同稀释度的滤液 0.1 mL 加入冷却至 45 ℃左右的 0.7％琼脂中，迅速混匀。取 4 mL 加入到底层平板上，旋转培养皿，使其均匀覆盖在底层平板上。

8. 共培养　在 37 ℃条件下培养 24 h，观察噬菌斑的形成（图 2-7-1）。

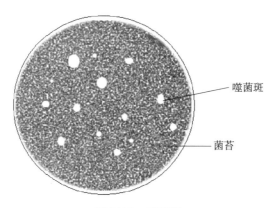

噬菌斑

菌苔

图 2-7-1　噬菌斑

六、实验结果与分析

1. 观测平板中的噬菌斑，并记录每一稀释度的噬菌斑数目，选取合适稀释度（每平板 30～300 个噬菌斑），以此为基础计算每毫升未稀释原液的噬菌体数（效价）。

2. 绘图表示分离的大肠杆菌噬菌斑的形态。

◆**注意事项**

1. 上层平板中的琼脂浓度要合适，否则会影响观察效果。

2. 制备裂解液时，上清液需要用细菌滤器过滤除去细菌。

3. 控制好共培养时间，时间太短噬菌体内的 DNA 还没有进入大肠杆菌，时间太长噬菌体分解大肠杆菌。

七、问题与思考

1. 如何辨别细菌培养液或菌落被噬菌体感染？

2. 加大肠杆菌增殖噬菌体的裂解液为什么要过滤除菌？

3. 分离纯化噬菌体与分离纯化细菌、真菌等在基本原理和具体方法上有何异同？

第二章　微生物分离、培养和保藏

实验八　常用培养基的配制

一、实验目的与要求

1. 掌握培养基配制的原理。
2. 通过对几种培养基的配制，掌握配制培养基的一般方法和步骤。

二、实验内容

1. 配制几种常用培养基。
2. 包扎移液管、三角瓶、试管。

三、实验原理

1. 培养基的定义　由人工配制的、含有六大营养要素、适合微生物生长繁殖或产生代谢产物用的混合基质，称为培养基。进行微生物学实验和有关的生产，几乎都要选择和配制培养基。目前培养基的配方已有数千种。

2. 培养基的组成　培养基成分应具备微生物生长所需的六大营养要素：碳源、氮源、能源、矿质元素、生长因子和水。

（1）碳源　所有满足微生物生长繁殖所需碳元素的营养源。含碳元素的化合物是构成机体中有机物分子的骨架。各类微生物细胞中的含碳量都比较稳定，约占细胞干重的 50%，含碳元素的化合物也是大多数微生物的能源，构成微生物代谢产物的分子骨架。

（2）氮源　提供微生物生长繁殖所需氮元素的营养源。含氮元素的化合物是构成微生物细胞物质和代谢产物中氮元素的来源。氮源一般不提供能源，只有少数例外。例如，硝化细菌可利用铵盐作为氮源和能源。

（3）能源　任何微生物的生命活动都需要最初能量来源，可以是辐射能，也可以是营养物。在绝大部分的培养基配制中，碳源兼任能源，少数为氮源。也有些微生物，如光合细菌，以光为能源。

（4）矿质元素（无机盐）　主要提供除碳、氮以外的各种重要元素。构成微生物细胞的各种组分，调节微生物细胞的渗透压、pH 和氧化还原电位，有些元素如硫、铁等还同时可作为自养微生物的能源。

（5）生长因子　微生物生长所必需的微量有机化学成分，对调节微生物正常代谢是必要的，但不能用简单的碳源、氮源自行合成。当微生物丧失合成某种生长因子的能力时，必须从培养基中获得方能生长。

（6）水　微生物细胞的组成成分，是细胞营养物质和代谢产物的溶剂，也是细胞中各种生化反应的良好介质。水还能维持微生物细胞的膨压，而且具有较高的比热容，可以稳定细胞内环境温度。

3. 培养基的种类　按培养基的物理状态，可以分为液体培养基、半固体培养基、固体培养基。按培养基的化学成分清晰与否，可以分为合成培养基、半合成培养基、天然培养基。

4. 配制培养基的理化因素　良好的物理化学条件也是保证微生物正常生长繁殖和累积代谢产物所必要的，如适宜的 pH、渗透压、水活度和氧化还原电势等。

在选用无机氮源时，还要考虑到该氮源是生理酸性的［如 $(NH_4)_2SO_4$］、生理碱性的（如 $NaNO_3$），还是生理中性的（如 NH_4NO_3）等。不同类群的微生物生长的最适 pH 是不同的，大多数细菌和放线菌的最适 pH 为中性至微碱性，而酵母和丝状真菌则偏酸性。天然原料所配成的培养基，一般缓冲性能较好。以较纯的化学药品配成的合成培养基，一般缓冲性能较差，为此多用 K_2HPO_4 和 KH_2PO_4 作为缓冲剂，同时又可提供微生物必需的元素磷和钾。K_2HPO_4 略呈碱性，而 KH_2PO_4 略呈酸性，这两种化合物的等物质的量浓度溶液的 pH 则为 6.8。当培养基的酸度增加时，K_2HPO_4 与酸结合成为 KH_2PO_4；当碱度增加时，KH_2PO_4 与碱结合成为 K_2HPO_4，因此起到了缓冲的作用。但是，这种缓冲作用仅仅在一定的 pH 范围内（pH6.4～7.2）才有效。有些产酸的菌种（如己酸菌等）可在培养基中加入适量的 $CaCO_3$ 来调节 pH。

四、实验材料

1. 用具　1 000 mL 刻度量筒、100 mL 小烧杯、1/10 天平、分装漏斗、小铝锅、角匙、玻璃棒、琼脂、棉花、电炉、标签纸、pH 试纸、牛皮纸和捆扎绳等。

2. 试剂　10% NaOH 溶液、10% HCl 溶液等。

五、实验步骤与方法

（一）培养基配制的程序

培养基配制的一般流程如下：原料称量和溶解→调节 pH→过滤和澄清→定容→分装→塞棉塞和包扎→灭菌。

1. 原料称量和溶解　根据培养基配方，准确称取各种原料成分，在容器（常用铝锅或不锈钢锅）中加所需水量的一半，然后依次将各种原料加入水中，用玻璃棒搅拌使之溶解。某些不易溶解的原料可事先在小容器中加少许水加热溶解后再冲入容器中。有些原料需用量很少，不易称量，可先配成高浓度的母液按比例换算后取一定体积的溶液加入容器中。待原料全部放入容器后，加热使其充分溶解，并补足需要的水分，即成液体培养基。

配制固体培养基时，预先将琼脂按计划称好，再把琼脂放入三角瓶，靠灭菌过程中的高温将琼脂完全熔化。

2. 调节 pH　液体培养基配好后，一般要调节至所需的 pH，常用低浓度盐酸及氢氧化钠溶液进行调节。调节培养基酸碱度最简单的方法是用精密 pH 试纸进行测定。用玻璃棒蘸一滴培养基，点在试纸上进行比色，如 pH 偏酸，则滴加 10%NaOH 溶液，偏碱则加 10%

HCl 溶液。经反复几次调节后可基本调至所需 pH。此法简单易行，但毕竟较为粗放，难于精确。要较为准确地调节培养基 pH，可用 pH 计进行。

固体培养基酸碱度的调整，与液体培养基相同。

3. 过滤和澄清 培养基配成后，往往因其中含有某些未溶解的物质而混浊或不透明。应在分装前过滤，除去沉渣、颗粒，使之澄清透明。特别是用于观察微生物的培养特征及生长情况、生理生化以及用于平板计数的固体培养基，都要求使用透明度高的培养基。培养基过滤和澄清的方法，有以下几种。

（1）纱布过滤 用 3～4 层纱布（医用敷料纱布）或 1～2 层粗平纹白布兜起来，直接倾倒过滤，这种方法只滤去较粗渣滓，不能使培养基透明。

（2）棉花过滤 用一小块脱脂棉塞在漏斗的上口，使其不致浮起也不要塞得过紧，先用少量清水浸湿后，再倾倒培养基过滤。开始时，棉花空隙大，过滤速度快但透明度差，待滤渣逐渐填充棉花空隙后，即形成过滤层，此时滤速渐慢但透明度越来越好。如不换棉花，而把培养基重复过滤一次，可得到较透明的培养基。

（3）保温过滤 特殊状况下，加有琼脂的培养基，不论用纱布还是棉花过滤，都应在保持 60 ℃以上的情况下进行，否则易造成琼脂凝固而不能过滤。一般可用预先加温的方法，即将琼脂培养基盛在锅里，并置火上保温过滤。但在天冷过滤时，有时稍有停顿，琼脂就会凝固在漏斗里的纱布或棉花上。为了保证琼脂培养基过滤顺利，最好使用保温漏斗，它是用白铁皮或铜板焊制而成的夹套，由上面的注入孔装入热水，用酒精灯在加热筒的下面加热保温。这种保温过滤装置特别适用于琼脂培养基过滤后的分装（如分装试管制作斜面），因为分装时间长，如不保温，很易凝固。

（4）高温澄清 培养基不清的原因，是由于其中有许多胶体混悬物，这些物质在高温下可凝聚而沉淀。因此，把配制好的液体培养基或琼脂培养基，置于高压蒸汽灭菌锅里，加热升压至 50 kPa，保持 30 min。降压冷却后取出，静置数小时，即澄清。液体培养基和琼脂培养基可用细橡皮管，将上部清液虹吸到另一容器中，再行分装。琼脂培养基还可冷凝成胶胨后，将容器周围稍加热，使冻胶外围熔化后，将整块胶胨倒出来用刀切去沉渣部分，再把澄清部分熔化后分装。

4. 分装 培养基配好之后，要根据不同的使用目的，分装到各种不同的容器中。用于不同用途的培养基，其分装量应视具体情况而定，要做到适量、实用。分装量过多、过少或使用容器不当，都会影响随后的工作。

培养基都是各种营养物质的混合液，且大都具有黏性，在分装过程中，应注意不使培养基弄污管口和瓶口，以免弄湿或黏住棉塞，造成污染。

分装培养基，通常使用一个大漏斗（小容量分装）或医用灌肠用瓷缸（大容量分装），将其吊在漏斗架上或墙上，下口连接一段软橡皮管，橡皮管下面再连一小段末端开口处略细的玻璃管，在橡皮管上夹一个弹簧夹。分装时，将玻璃管插入试管内，不要触及管壁，捏开弹簧夹，注入定量培养基后，先止住液体，再抽出试管，玻璃管仍不要触及管壁或管口。

如果大量成批定量分装，可用定量注液器，即将培养基盛入 1 000 mL 或 500 mL 定量注液器中，调好所需体积，然后通过抽提、压送，即可分装到试管中。注意抽出试管时，勿使培养基弄污管口。

培养基的分装量，必须依照使用目的及试验的具体要求决定。

5. 塞棉塞和包扎　培养基分装到各种规格的容器（如试管、三角瓶、克氏瓶等）后，应按管口或瓶口的不同大小分别塞以大小适度、松紧适合的棉塞。现配现用的培养基还可使用铝质试管帽。加棉塞的作用主要在于阻止外界微生物进入培养基内，防止由此可能导致的污染，同时还可保证良好的通气性能，使微生物能不断地获得无菌空气。塞棉塞后，管装培养基可若干支扎成一捆，或排放在铁丝筐内。由于棉塞外面容易附着灰尘及杂菌，且灭菌时容易凝结水汽，因此，在灭菌前和存放过程中，应用牛皮纸或废报纸将管口、瓶口或试管筐包起来，再用橡皮圈或线绳扎紧。现在国内外许多实验室已用硅胶塞代替棉塞，简便并可反复使用。

分装包扎好的培养基，即可灭菌后使用。

棉塞的做法如图 2-8-1 所示。

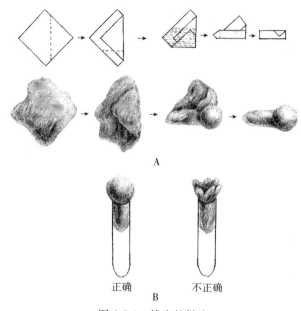

图 2-8-1　棉塞的做法
A. 棉塞的制作过程　B. 正误棉塞

6. 培养基的灭菌处理　培养基配制好后应立即进行灭菌处理，常用高压灭菌锅进行。

一般情况下，经分装、塞棉塞、包扎后的培养基应立即进行灭菌。如延误时间，则可能因杂菌繁殖滋生，导致培养基变质而不能使用。特别是在夏季炎热天气，如不及时灭菌，数小时内培养基就可能变质。若确实不能立即灭菌，可将培养基暂放 4 ℃冰箱或冰柜中，但时间也不宜过久。

灭菌后，需做斜面的试管，应趁热及时放成斜面。斜面可在特制的斜面架上摆放，斜面的斜度要适当，使斜面的长度不超过试管长的 1/2。摆放时注意不可使培养基弄污棉塞。同时应保温检查，如发现问题，应再次灭菌，以保证使用前的培养基处于绝对无菌状态。

培养基不宜配制过多，最好是现配现用。因培养基较长时间搁置不用或存储不当，往往因污染、脱水或光照等因素而变质。因工作需要或一时用不完的培养基应放在低温、低湿、阴暗而洁净的地方保存。试管斜面培养基，因灭菌时棉塞受潮，容易引起棉塞和培养基污染。因此，新配制的琼脂斜面最好置恒温室一定时间，等棉塞上的冷凝水蒸发后再储存备用。装于三角瓶或其他容器的培养基，灭菌前最好用牛皮纸包扎瓶口，以防灰尘落于棉塞或瓶口而引起污染。存放过程中，不要取下牛皮纸，以减少水分蒸发。对含有染料或其他对光敏感物质的培养基，要注意避光保存，特别是避免阳光长时间直接照射。

◆**注意事项**

1. 制备或盛置培养基的用具，不宜用铁锅或铜锅，因为培养基中含铜量超过 0.30 mg/L 或含铁量超过 0.14 mg/L 时，就可能影响微生物的正常生长发育。

2. 培养基制备完毕后，在使用前应做无菌检查。一般将其置于 37 ℃恒温箱内培养 24～28 h，证明无菌后方可应用。

3. 灭过菌的培养基，最好及时用完，不宜保存过久，以免降低其营养价值或引起化学变化。培养基在储存期间，因能吸收空气中的 CO_2，可使其反应变为酸性，用这样储存过久的糖发酵培养基做生理生化实验，就可能做不出来。

（二）几种常用培养基的配制

1. 马铃薯葡萄糖琼脂（PDA）培养基

（1）实验原理　PDA 培养基是一种半合成培养基，可用于培养各种真菌。

培养基配方：马铃薯（去皮）200 g、葡萄糖 20 g、自来水 1 000 mL、琼脂 18～20 g，pH 自然。

（2）实验材料　1 000 mL 刻度量筒、小铝锅、1/10 天平、菜板、小刀、角匙、玻璃棒、分装漏斗、纱布、新鲜马铃薯、葡萄糖、18 mm×180 mm 试管、棉塞、电炉等。

（3）操作步骤

①称取去皮新鲜马铃薯 200 g 切成 1 cm 见方小块放于小铝锅中，加 1 000 mL 自来水，置电炉上煮沸 30 min 后，用 4 层纱布过滤。滤液计量体积后倒入小铝锅中煮沸。

②加入称好的葡萄糖、琼脂，加热搅拌至琼脂完全熔化，并补足水量至 1 000 mL。

③趁热用分装漏斗分装于 18 mm×180 mm 试管，斜面以 5 mL 为宜，柱状以 15 mL 为宜。分装完毕后做好棉塞，捆扎好并写好标签。

④高压蒸汽灭菌锅中 121 ℃灭菌 30 min，取出趁热摆斜面。

2. 牛肉膏蛋白胨培养基

（1）实验原理　牛肉膏蛋白胨培养基常用于培养细菌，为天然培养基。

培养基配方：牛肉膏 5.0 g、蛋白胨 10.0 g、NaCl 5.0 g、琼脂 18 g、自来水 1 000 mL，pH7.2～7.4。

（2）实验材料　1 000 mL 刻度量筒、小铝锅、1/10 天平、角匙、玻璃棒、小烧杯、pH 试纸、18 mm×180 mm 试管、牛肉膏、蛋白胨、NaCl、10%NaOH 溶液、10%HCl 溶液、分装漏斗、纱布、棉塞和橡皮圈等。

（3）操作步骤

①在 100 mL 小烧杯中称取牛肉膏 5.0 g、蛋白胨 10.0 g，加 30 mL 自来水，置电炉上搅拌加热至牛肉膏、蛋白胨完全熔化。

②向小铝锅中加 100 mL 自来水，将熔化的牛肉膏、蛋白胨洗入铝锅中并用自来水洗 2～3 次，加入 NaCl 5.0 g，在电炉上边加热边搅拌。

③用玻璃棒蘸少许液体，测定 pH。用 NaOH 或盐酸调 pH 至 7.2～7.4。

④加入琼脂 18 g 并搅拌，加热至琼脂完全熔化，补足水量至 1 000 mL。

⑤用分装漏斗分装于 18 mm×180 mm 试管中，塞好棉塞，捆扎好。

⑥高压蒸汽灭菌锅中 121 ℃灭菌 30 min。

3. 高氏一号合成培养基

（1）实验原理 一种用于分离培养放线菌的合成培养基。

培养基配方：可溶性淀粉 20 g、KNO_3 1.0 g、K_2HPO_4 0.5 g、$MgSO_4 \cdot 7H_2O$ 0.5 g、NaCl 0.5 g、$FeSO_4 \cdot 7H_2O$ 0.01 g、琼脂 20.0 g、蒸馏水 1 000 mL，pH 7.6。

（2）实验材料 1 000 mL 刻度量筒、小铝锅、1/10 天平、角匙、玻璃棒、100 mL 小烧杯、10％NaOH 溶液、10％HCl 溶液、可溶性淀粉、KNO_3、K_2HPO_4、$MgSO_4 \cdot 7H_2O$、NaCl、$FeSO_4 \cdot 7H_2O$、琼脂、pH 试纸、分装漏斗、棉塞、电炉、标签纸等。

（3）操作步骤

①用量筒量取自来水 600 mL，在电炉上加热。

②根据培养基配方，依次称取各种药品加入量筒中，搅拌均匀。其中可溶性淀粉称入 100 mL 烧杯中，加入 50 mL 自来水调成糊状，待培养液沸腾时加入，边加边搅拌，防止煳底。

③加入琼脂煮沸至完全熔化，补足 1 000 mL 水量，调整 pH 至 7.6。

④趁热分装于 18 mm×180 mm 试管，斜面每管 5 mL，柱状每管 15 mL，装量根据实验需要确定。

⑤塞好棉塞，捆扎，贴好标签。

⑥高压蒸汽灭菌锅中 121 ℃灭菌 30 min。

4. 马丁氏培养基

（1）实验原理 利用孟加拉红抑制细菌和放线菌，链霉素抑制细菌，而对真菌无害的特性，加入一定量的孟加拉红染料和链霉素于真菌培养基中，能较好地选择培养真菌。用于分离真菌及测定土壤中的真菌数量。

培养基配方：葡萄糖 10.0 g、1/300 孟加拉红水溶液 10 mL、蛋白胨 5.0 g 、KH_2PO_4 1.0 g、$MgSO_4 \cdot 7H_2O$ 0.5 g、琼脂 20 g、自来水 1 000 mL，pH 自然。

使用前每毫升培养基加入链霉素 30 μg。

（2）实验材料 1 000 mL 刻度量筒、1/10 天平、角匙、玻璃棒、18 mm×180 mm 试管、1 mL 灭菌吸管、分装漏斗、葡萄糖、蛋白胨、KH_2PO_4、$MgSO_4 \cdot 7H_2O$、1/300 孟加拉红水溶液、无菌水、琼脂、链霉素、棉塞、橡皮圈、标签纸、电炉等。

（3）操作步骤

①用量筒量取自来水 700 mL 置于电炉上加热。

②按配方分别称取各种药品，加入自来水中，边加边搅拌。

③加入 20 g 琼脂煮沸至熔化，补足 1 000 mL 水量，pH 自然。

④趁热分装于 18 mm×180 mm 试管每管 15 mL，塞好棉塞，贴好标签，捆扎好。

⑤高压蒸汽灭菌锅中 121 ℃灭菌 30 min。

◆**注意事项**

1. 取国产链霉素 1 瓶（1.0 g 装），用无菌吸管吸入 10 mL 无菌水溶解，得到 10％链霉素溶液。取 0.3 mL 该溶液定溶于 100 mL 灭菌容量瓶即可得到 0.03% 链霉素溶液。

2. 使用前，将上述培养基熔化冷却至 55～60 ℃，按每 10 mL 培养基加入 1 mL 0.03% 链霉素溶液，即可使每毫升培养基含 30 μg 链霉素。

六、实验结果与分析

检验灭菌后的培养基。

七、问题与思考

1. 称量牛肉膏蛋白胨培养基及高氏一号合成培养基各组分时，哪些组分容易出错？如何避免出错？

2. 培养基配好后，为什么必须立即灭菌？如何检查灭菌后的培养基是否为无菌的？

3. 在配制培养基的操作过程中应注意哪些问题？为什么？

实验九　土壤中微生物的分离纯化和计数

一、实验目的与要求

1. 掌握利用平板分离法从土壤中分离微生物的基本操作。
2. 理解平板菌落计数法的基本原理。
3. 掌握平板菌落计数法的基本操作方法。

二、实验内容

1. 利用涂布平板法、混合平板法和平板划线法从土壤中分离微生物。
2. 进行平板菌落计数。

三、实验原理

土壤是微生物生活的大本营，它所含有的微生物数量和种类都是极其丰富的。通过选择适合待分离微生物的生长条件（如营养、酸碱度、温度和氧气等要求或加入某种抑制剂），造成只利于目的微生物生长而抑制其他微生物生长的环境，从而在固体培养基上淘汰不需要的微生物而保留需要分离的微生物。目的微生物在固体培养基上生长形成的单个菌落一般是由一个细胞繁殖而成的集合体，因此可以通过挑取单菌落而获得一种纯培养。

值得注意的是从微生物群体中分离生长获得的单菌落并不一定能够绝对保证是纯培养，因此需要结合观察其菌落特征、个体形态特征等才能够确定，有的时候还需要经过进一步的分离、纯化和其他特征的鉴定才能够确定。

平板菌落计数法是将待测样品经适当稀释之后（系列稀释法），使其中的微生物充分地分散成单个细胞，取一定量的稀释液接种到培养基上，经过培养繁殖每个单细胞生长成肉眼可以看到的单菌落，即一个单菌落代表原样品中的一个单细胞，根据单菌落数、稀释倍数和接种量即可推算出原样品中的含菌数。但是，由于测定样品往往不容易完全分散成单个细胞，所以形成的一个单菌落也有可能来自样品中的几个细胞，因此平板菌落计数的结果往往偏低。为了能够清楚地阐述平板菌落计数的结果，现在已经倾向于使用菌落形成单位（colony-forming units，cfu）来表示样品中的活菌数而不以绝对菌落数来表示。在具体操作过程中，平板菌落计数法又可分为涂布平板法和混合平板法。涂布平板法是先倒好培养基，然后将稀释样品用涂布棒均匀涂布到培养基表面，培养后菌落生长在培养基表面。而混合平板法则是先将稀释样品加到空的培养皿中，然后加入熔化后冷却到 45～50 ℃ 的固体培养基，再趁培养基凝固前，轻轻晃动培养皿以使样品和培养基充分混合，培养后菌落生长在培养基的不同深度层面。

利用平板菌落计数法也可分离单菌落，但操作比较烦琐。而平板划线法不需要对样品进行稀释，只需在培养基平板上划线然后培养就可以获得单菌落，因而简单快捷，是最常用的微生物分离方法。该方法的原理是将混杂有各种微生物细胞的样品通过在分区的培养基平板多次划线稀释，形成独立分布的单个细胞，经培养而繁殖成相互独立的单菌落。最常用的划线方法是四分法划线。该方法把一块平板分为 A、B、C 和 D 四个区。

四、实验材料

1. 土样　肥沃的菜园土，取地表 3～5 cm 下的土壤，过 100 目筛。

2. 培养基　牛肉膏蛋白胨培养基、高氏一号合成培养基、马丁氏培养基。

3. 用具　无菌玻璃涂布棒、1 mL 无菌吸管、无菌培养皿、盛有 4.5 mL 无菌水的试管、试管架、恒温培养箱等。

五、实验步骤与方法

（一）涂布平板法

1. 倒平板　将牛肉膏蛋白胨琼脂培养基、高氏一号合成培养基、马丁氏培养基加热熔化，待冷却至 55～60 ℃ 时，马丁氏培养基中加入链霉素溶液（控制培养基中的浓度为 30 μg/mL），高氏一号合成培养基中加入 10% 苯酚数滴，混合均匀后分别倒平板，每种培养基倒九个平板。

◆**注意事项**

培养基必须冷却至 45～50 ℃，以不烫手为宜，否则温度过高会烫死微生物细胞。

2. 土壤菌悬液的制备　称取土样 10 g，放入盛 90 mL 无菌水并带有玻璃珠的三角瓶中，振荡约 20 min，使土样与水充分混合均匀，将细胞分散。用一支 1 mL 的无菌吸管从中吸取 1 mL 土壤悬液加到盛有 9 mL 无菌水的大试管中充分均匀，然后又用无菌吸管从中吸取 1 mL（无菌操作）加入至另一盛有 9 mL 无菌水的试管中混合均匀，以此类推制成 10^{-1}、10^{-2}、10^{-3}、10^{-4}、10^{-5}、10^{-6}、10^{-7}、10^{-8}、10^{-9} 不同稀释度的土壤溶液（图 2-9-1A）。

3. 涂布　按表 2-9-1 选择相应稀释度的土壤溶液，取 0.1 mL 涂布于已标记的相应平板中。如将马丁氏培养基的九个平板底面分别用记号笔写上 10^{-3}、10^{-4} 和 10^{-5} 三种稀释度，每稀释度 3 个重复。用无菌吸管分别从 10^{-3}、10^{-4} 和 10^{-5} 三支试管的土壤稀释液中各吸取 1 mL，分别对号在已经标好稀释度的马丁氏培养基平板中放入 0.1 mL 菌悬液，用无菌玻璃涂布棒在培养基表面进行轻而快的涂布，均匀后静置 5～10 min 使菌液能够充分地吸附到培养基上。

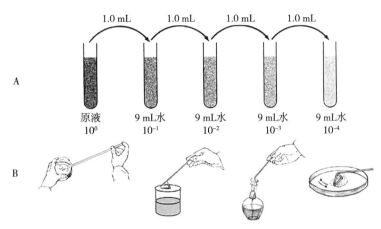

图 2-9-1 梯度稀释和涂布操作、平板划线

A. 梯度稀释　　B. 涂布操作（注意涂布棒灼烧彻底并冷却）

平板涂布方法：将 0.1 mL 菌悬液小心地滴在平板培养基表面中央位置（0.1 mL 的菌液要全部滴在培养基上，如果在吸管尖端有剩余，需将吸管在培养基的表面上轻轻地靠一下即可）。右手拿无菌涂布棒先平放在平板内的培养基的表面上将菌悬液先沿一条直线轻轻地来回推动，使之分布均匀，然后改变方向沿另一垂直线来回推动，平板内的边缘处可改变方向用涂布棒再涂布几次，如果更换到另一个平皿涂布时须将涂布棒进行一次灭菌（图 2-9-1B）。

表 2-9-1　各类微生物涂布、培养的稀释度

微生物	培养基	稀释度	培养温度/℃	培养时间/d
细菌	牛肉膏蛋白胨培养基	10^{-7}、10^{-8}、10^{-9}	37	2～3
放线菌	高氏一号合成培养基	10^{-5}、10^{-6}、10^{-7}	28	3～5
真菌	马丁氏培养基	10^{-3}、10^{-4}、10^{-5}	28	3～5

4. 培养　将高氏一号合成培养基平板和马丁氏培养基平板倒置于 28 ℃培养箱中培养 3～5 d，牛肉膏蛋白胨琼脂培养基平板倒置于 37 ℃培养箱中培养 2～3 d。

5. 计数　培养 48 h 后，取出培养皿计算出每个培养皿中的菌落数、同一稀释度的三次重复的平均数，并按照以下公式进行计算：

$$每克土样中菌落形成单位/cfu = 同一稀释度的三次重复的平均数 \times 10^{稀释倍数} \times 10$$

◆注意事项

1. 平板菌落计数法选择使用的稀释倍数十分重要，一般选择三个连续稀释度的培养。

2. 培养皿中生长的菌落数为 30～300 cfu，且第二个稀释度的培养皿中生长的平均菌落数在 50 cfu 左右为好。

3. 在实际工作中同一稀释度重复对照培养皿不能少于三个，并且相互间菌落数不应相差太大，否则试验结果不准确。

6. 挑取单菌落　对培养后长出的单个菌落的菌落形态、菌体形态以及其他一些特征进行观察，选择确定目的菌株的单菌落，并从中挑取少量细胞转接到上述三种培养基的斜面

上，分别置于 28 ℃和 37 ℃的培养条件下培养，待菌苔长出后检查其外观特征是否一致、菌体是否单一。如果发现有杂菌则需要再进行一次分离、纯化，直至获得纯培养后才能够将菌种保存或作其他使用。

（二）混合平板法

1. 倒平板　将牛肉膏蛋白胨琼脂培养基、高氏一号合成培养基、马丁氏培养基加热熔化，待冷却至 55～60 ℃时，马丁氏培养基中加入链霉素溶液（控制培养基中的浓度为 30 $\mu g/mL$），高氏一号合成培养基中加入 10％苯酚数滴，混合均匀后分别倒平板，每种培养基倒九个平板。

◆注意事项

培养基必须冷却至约 45 ℃，以不烫手为宜，否则可能会影响微生物的生长。

2. 土壤菌悬液的制备　称取土样 10 g，放入盛 90 mL 无菌水并带有玻璃珠的三角瓶中，振荡约 20 min，使土样与水充分混合均匀，将细胞分散。用一支 1 mL 的无菌吸管从中吸取 1 mL 土壤悬液加到盛有 9 mL 无菌水的大试管中充分混匀，然后用无菌吸管从中吸取 1 mL（无菌操作）加入至另一盛有 9 mL 无菌水的试管中混合均匀，以此类推制成 10^{-1}、10^{-2}、10^{-3}、10^{-4}、10^{-5}、10^{-6}、10^{-7}、10^{-8}、10^{-9} 不同稀释度的土壤溶液（图 2-9-1A）。

◆注意事项

1. 吹吸菌液时不得太猛太快，以免将吸管中的过滤棉花浸湿或使菌液外溢。

2. 每一支吸管只能接触一个稀释度的菌悬液，放菌液时吸管不要碰到下一个稀释度的液面，否则稀释不精确可能引起误差。

3. 取样　用三支 1 mL 无菌吸管分别吸取相应稀释度的菌悬液各 1 mL，对号放入已经编号的相应无菌培养皿中，每个培养皿中精确地放入 0.2 mL。如果吸管中仅仅只吸入 0.2 mL 再放入培养皿中会产生误差。

4. 倒平板　将已经熔化，冷却至 45 ℃左右的牛肉膏蛋白胨琼脂培养基快速倒入上述盛有不同稀释度菌悬液的培养皿中，每皿 15 mL 左右，置于水平位置轻而快地转动培养皿，使培养基与菌悬液能够充分混合均匀，待培养基凝固后将培养皿倒置于 37 ℃恒温培养箱内培养。

◆注意事项

1. 由于细菌容易吸附在玻璃器皿的表面，所以应立即倒入培养基，否则可能会导致细菌成团，长成的菌落连在一起影响计数。

2. 培养基与菌悬液混合时，旋转动作要轻而快，不宜太猛以防培养基荡出或溅到培养皿盖上，影响培养和结果。

5. 计数　培养 48 h 后，取出培养皿计算出每个培养皿中的菌落数、同一稀释度的三次重复的平均数，并按照以下公式进行计算：

$$每克土样中菌落形成单位/cfu = 同一稀释度的三次重复的平均数 \times 10^{稀释倍数} \times 5$$

◆**注意事项**

1. 平板菌落计数法选择使用的稀释倍数十分重要，一般选择三个连续稀释度的培养。

2. 培养皿中生长的菌落数为 30～300 cfu，且第二个稀释度的培养皿中生长的平均菌落数在 50 cfu 左右为好。

3. 在实际工作中同一稀释度重复对照培养皿不能少于三个，并且重复间菌落数不应相差太大，否则试验结果不准确。

（三）平板划线法

1. 倒平板 同涂布平板法。

2. 土壤菌悬液的制备 同涂布平板法。

3. 划线 在近火焰处，左手拿平皿底，右手拿接种环，挑取上述土壤悬液一环在对应培养基的平板上进行平板划线。平板划线法具体的划线方式有多种，这里仅介绍一种经长期实践证明可获得良好单菌落分离效果的四分法划线（图 2-9-2）。该方法将一块培养基平板分成四个小区进行多次划线，先将蘸有样品的接种环在第一区（A 区，菌源区）反复密集划线，然后将接种环在第二和第三区（B、C 区，稀释的过渡区）和第四区（D 区，单菌落区）依次划线，培养后在 D 区会出现大量的单菌落。平板上四区面积的分配应是 D＞C＞B＞A，接种环在进行下一区划线前都要进行火焰灭菌。

4. 培养 划线后分别放入相应温度的培养箱内进行培养，培养 2～3 d 后平板上长出肉眼可见的菌苔和单菌落（图 2-9-2）。

5. 挑单菌落 同涂布平板法，并保存或作其他使用。

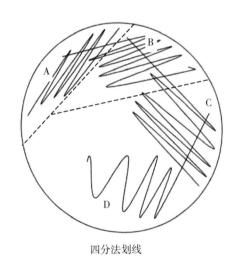

四分法划线

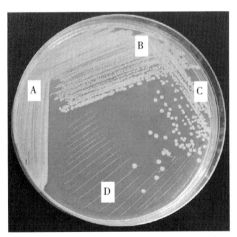

培养后平板上长出的菌苔和单菌落

图 2-9-2 单菌落的划线纯化

六、实验结果与分析

1. 辨别典型的目标菌落，详细记录菌落的形态特征。

2. 计数每皿菌落形成单位数，将菌落计数结果填入表 2-9-2。

表 2-9-2　菌落计数结果

微生物	培养基	培养温度、时间	稀释度	每皿菌落形成单位数/cfu	每皿平均菌落形成单位数/cfu
细菌					
放线菌					
真菌					

3. 详细列表计算每克土样中细菌、放线菌、真菌的菌落形成单位数。

七、问题与思考

1. 简述从土壤分离纯化微生物的基本过程。

2. 如果样品中的微生物浓度过高或者过低，该如何进行预处理以达到合适的菌落形成单位？

3. 对分离到的菌株进行简单的描述。

实验十　厌氧微生物的分离培养和计数

一、实验目的与要求

1. 了解培养基和培养环境的除氧方法。

2. 学习几种培养厌氧微生物的方法。

3. 了解厌氧微生物的生长特性。

二、实验内容

1. 用三种方法培养厌氧微生物。

2. 观察厌氧微生物的生长特性。

三、实验原理

厌氧微生物在自然界中分布广泛，种类繁多，作用也日益引起人们的重视。由于它们不能代谢氧来进一步生长，且在多数情况下氧分子的存在对其机体有害，所以在进行分离、培养时必须处于除去氧及氧化还原电势低的环境中。

目前，根据物理、化学、生物或它们的综合的原理建立的各种厌氧微生物培养技术很多，其中有些操作十分复杂，对实验仪器也有较高的要求，如主要用于严格厌氧菌的分离和培养的 Hungate 技术、厌氧手套箱等。而有些操作相对简单，可用于那些对厌氧要求相对较低的一般厌氧菌的培养，如碱性焦性没食子酸法、厌氧罐法、庖肉培养基法等。

1. 滚管法 滚管法是比较成熟的培养厌氧菌的方法，首先由 Hungate 提出，因此也称为亨氏滚管法。该技术培养厌氧菌的方式是在一个加塞式试管（亨氏管）中完成的，试管及与其配套的胶塞耐高温高压，而且韧性好，可以重复使用且针刺密封性好，品质优于普通试管和胶塞。该方法的主要过程是先将琼脂培养基灌入试管，塞上胶塞后用真空泵抽真空并充入 CO_2；再将盛有熔化的无菌培养基试管置于 50 ℃左右的恒温水浴中，用无菌注射器接种；而后将试管平放于盛有冰块的盘中或特制的滚管机上迅速滚动，这样带菌的熔化培养基在试管内部立即凝固成一薄层。置于恒温培养箱中培养一段时间后，即可在试管的琼脂内或表面长出肉眼可见的菌落。

2. 碱性焦性没食子酸法 焦性没食子酸（pyrogallic acid）在碱溶液（NaOH、Na_2CO_3 或 $NaHCO_3$）中能快速吸收密封容器中的氧气。这种方法的优点是无须特殊或昂贵的设备，操作简单，适于任何可密封的容器。其缺点是会产生少量的 CO，对某些厌氧菌的生长有抑制作用。同时，NaOH 的存在会吸收掉密闭容器中的 CO_2，对某些厌氧菌的生长不利。用 $NaHCO_3$ 代替 NaOH，可部分克服 CO_2 被吸收的问题，但却又会导致吸氧速度的减慢。

3. 厌氧罐法 利用一定方法在密闭的厌氧罐中生成一定量的氢气，而经过处理的钯或铂可作为催化剂催化氢与氧化合形成水，从而除掉罐中的氧而造成厌氧环境。由于适量的 CO_2（2％～10％）对大多数厌氧菌的生长有促进作用，在进行厌氧菌分离时可提高检出率，所以一般在供氢的同时还向罐内供给一定的 CO_2。厌氧罐中 H_2 及 CO_2 的生成可采用钢瓶灌注的外源法，但更方便的是利用各种化学反应在罐中自行生成的内源法，例如，利用镁与氯化锌遇水后发生反应产生氢气，碳酸氢钠加柠檬酸水后产生 CO_2。另外，在罐内还可以放置氧化还原的指示剂，常用亚甲蓝，亚甲蓝在氧化态时呈蓝色，而在还原态时呈无色。

$$Mg + ZnCl_2 + 2H_2O \longrightarrow MgCl_2 + Zn(OH)_2 + H_2 \uparrow$$
$$C_6H_8O_7 + 3NaHCO_3 \longrightarrow Na_3C_6H_5O_7 + 3H_2O + 3CO_2 \uparrow$$

目前，厌氧罐培养技术早已商业化，有多种品牌的厌氧罐产品（厌氧罐罐体、催化剂、产气袋、厌氧指示剂）（图 2-10-1）可供选择，使用起来十分方便。

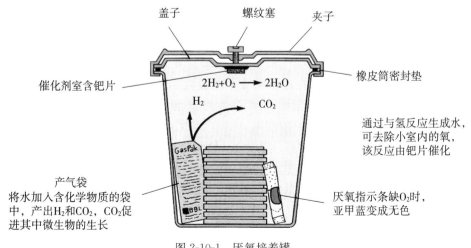

图 2-10-1 厌氧培养罐

四、实验材料

1. 菌种　丙酮丁酸梭菌（*Clostridum acetobutylicum*）、荧光假单胞菌（*Pseudomonas fluorescens*）。

◆本实验为什么采用上述菌株？

通过本实验使同学们掌握几种培养厌氧菌的一般方法，因此本实验选用了只能在厌氧条件下生长的丙酮丁酸梭菌来进行厌氧培养，同时也选用了绝对好氧的荧光假单胞菌作为对照。其目的是：一方面使同学们通过实验观察到氧对这两种不同类型微生物的重要性，另一方面也可利用它们的生长状况来判断厌氧装置是否正确。

2. 培养基　牛肉膏蛋白胨琼脂培养基。

3. 用具　棉花、厌氧罐、催化剂、产气袋、厌氧指示袋、无菌的带橡皮塞的大试管、灭菌的玻璃板（直径比培养皿大 3～4 cm）、滴管、烧瓶和小刀等。

4. 试剂　10% NaOH、灭菌的石蜡凡士林（1∶1）、焦性没食子酸等。

五、实验步骤与方法

1. 滚管法

（1）培养基制备　将牛肉膏蛋白胨琼脂培养基趁热分装于亨氏管，管口塞上胶塞。在管口胶塞上插入 1 枚医用针头，用真空泵抽气，然后充入 CO_2，重复 3 次，以彻底排尽管内空气。拔下针头，121 ℃灭菌 20～30 min 备用。

（2）接种和滚管　熔化亨氏管内的培养基并置于 50 ℃左右的恒温水浴中。用 1 mL 无菌注射器吸取待接种的丙酮丁酸梭菌约 0.1 mL，经胶塞刺入亨氏管中，将菌液注射入亨氏管。拔下注射器和针头，迅速将试管平放于盛有冰块的盘中或特制的滚管机上迅速滚动，带菌的熔化培养基在试管内部立即凝固成一薄层。

（3）培养　将亨氏管置于 35 ℃恒温培养箱中培养 2～7 d，观察管壁上形成的肉眼可见的菌落。

（4）观察　取菌制片观察。

2. 碱性焦性没食子酸法

（1）大管套小管法　在一支已灭菌、带橡皮塞的大试管中，放入少许棉花和焦性没食子酸。焦性没食子酸的用量按它在过量碱液中能吸收 100 mL 空气中的氧来估计，本实验用量约 0.5 g。接种丙酮丁酸梭菌在小试管牛肉膏蛋白胨琼脂斜面上，迅速滴入 10% NaOH 于大试管中，使焦性没食子酸润湿，并立即放入除掉棉塞已接种厌氧菌的小试管斜面（小试管口朝上），塞上橡皮塞，置 30 ℃培养，定期观察斜面上菌种的生长状况并记录。

（2）培养皿法　取一块玻璃板或培养皿盖，洗净，干燥后灭菌，铺上一薄层灭菌脱脂棉或纱布，将 1 g 焦性没食子酸放在其上。用牛肉膏蛋白胨琼脂培养基倒平板，待凝固稍干燥后，在平板上一半划线接种丙酮丁酸梭菌，另一半划线接种荧光假单胞菌，并在皿底用记号笔做好标记。滴加 10% NaOH 溶液约 2 mL 于焦性没食子酸上，切勿使溶液溢出棉花，立即将已接种的平板覆盖于玻璃板上或培养皿盖上，必须将脱脂棉全部罩住，而焦性没食子酸反应物不能与培养基表面接触。以熔化的石蜡凡士林液密封皿与玻璃板或皿盖的接触处，置 30 ℃培养，定期观察平板上菌种的生长状况并记录。

◆**注意事项**

1. 由于焦性没食子酸遇碱性溶液后即会迅速发生反应并开始吸氧，所以在采用此法进行厌氧微生物培养时必须注意只有在一切准备工作都已齐备后才能向焦性没食子酸上滴加 NaOH 溶液，并迅速封闭大试管或平板。

2. 焦性没食子酸对人体有毒，有可能通过皮肤吸收；10％NaOH 对皮肤有腐蚀作用。因此操作时必须小心，并戴手套。

3. 厌氧罐法

①用牛肉膏蛋白胨琼脂培养基倒平板。凝固干燥后，取两个平板，每个平板均同时划线接种丙酮丁酸梭菌和荧光假单胞菌，并做好标记。取其中的一个平板置于厌氧罐的培养皿支架上，而后放入厌氧培养罐内，而另一个平板直接置 30 ℃温室培养。

②将已活化的催化剂倒入厌氧罐罐盖下面的多孔催化剂盒内，旋紧。

目前厌氧罐培养法中使用的催化剂是将钯或铂经过一定处理后包被在还原性硅胶或氧化铝小球上形成的"冷"催化剂，它们在常温下即具有催化活性，并可反复使用。由于在厌氧培养过程中形成水汽、硫化氢、一氧化碳等都会使这种催化剂受到污染而失去活性，所以这种催化剂在每次使用后都必须在 140～160 ℃的干燥箱内烘 1～2 h，使其重新活化，并密封后放在干燥处直到下次使用。

③剪开产气袋的一角，将其置于罐内金属架的夹上，再向袋中加入约 10 mL 水。同时，由另一同学配合，剪开指示剂袋，使指示条暴露（还原态为无色，氧化态为蓝色），立即放入罐中。必须在一切准备工作齐备后再往产气袋中注水，而加水后应迅速密闭厌氧罐，否则产生的氢气过多地外泄，会导致罐内厌氧环境建立的失败。

④迅速盖好厌氧罐罐盖，将固定梁旋紧，置 30 ℃温室培养，观察并记录罐内情况变化及菌种生长情况。

六、实验结果与分析

在你的实验中，好氧的荧光假单胞菌和厌氧的丙酮丁酸梭菌在几种厌氧培养方法中的生长状况如何？请对在厌氧培养条件下出现的如下情况进行分析、讨论：

1. 荧光假单胞菌不生长，而丙酮丁酸梭菌生长。

2. 荧光假单胞菌和丙酮丁酸梭菌均生长。

3. 荧光假单胞菌生长，而丙酮丁酸梭菌不生长。

七、问题与思考

1. 在进行厌氧菌培养时，为什么每次都应同时接种一种严格好氧菌作为对照？

2. 根据你所做的实验，你认为这几种厌氧培养法各有何优、缺点？除此之外，你还知道哪些厌氧培养技术？请简述其特点。

实验十一 微生物菌落形态特征的观察

一、实验目的与要求

1. 掌握不同微生物单菌落的制备方法。
2. 掌握利用微生物分类学知识进行微生物菌落特征的描述。

二、实验内容

1. 获得不同微生物的单菌落。
2. 比较各种微生物的菌落特征。

三、实验原理

在固体平板培养基上，单个微生物细胞或者孢子生长繁殖可以形成一个具有特定形状的菌落。在一定的培养基上和一定培养条件下，微生物的菌落形态特征是稳定的，因此可以通过菌落形态特征的观察初步识别细菌、放线菌、酵母菌和丝状真菌等几大类微生物，同时也可以根据菌落形态的基本特征包括菌落形状、大小、边缘、隆起度和颜色等作为分类的依据之一（图 2-11-1 和表 2-11-1）。

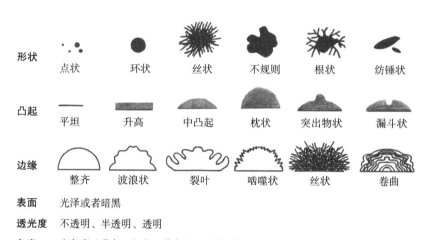

形状	点状	环状	丝状	不规则	根状	纺锤状

凸起	平坦	升高	中凸起	枕状	突出物状	漏斗状

边缘	整齐	波浪状	裂叶	啮噬状	丝状	卷曲

表面 光泽或者暗黑
透光度 不透明、半透明、透明
色素 产色素（紫色、红色、黄色）、不产色素（奶酪色、棕褐色、白色）
质地 粗糙或者光滑

图 2-11-1 肉眼观察到的固体培养基上的细菌菌落特征

表 2-11-1 各类微生物菌落形态特征

形态特征	单细胞微生物		菌丝状微生物	
	细菌	酵母	放线菌	丝状真菌
外观形状	小而突起或大而平坦	大而突起	小而紧密	大而疏松或大而致密
透明度	透明或稍透明	稍透明	不透明	不透明

(续)

形态特征	单细胞微生物		菌丝状微生物	
	细菌	酵母	放线菌	丝状真菌
结合度	不结合	不结合	牢固结合	较牢固结合
颜色	多样	单调，一般呈矿烛色，少数红色或黑色	十分多样	十分多样
边缘	一般看不到细胞	可见球状、卵圆状或假丝状	可见细丝状细胞	可见粗丝状细胞
表面状况	很湿润或较湿润	较湿润	干燥或较干燥	干燥
生长速度	一般很快	较快	慢	一般较快
气味	一般有臭味	多带酒香味	常有泥腥味	常有霉味

四、实验材料

1. 菌种　金黄色葡萄球菌（*Staphylococcus aureus*）、大肠杆菌（*Escherichia coli*）、枯草杆菌（*Bacillus subtilis*）、酿酒酵母（*Saccharomyces cerevisiae*）、青霉（*Penicillium* sp.）、曲霉（*Aspergillus* sp.）、根霉（*Rhizopus* sp.）、木霉（*Trichoderma* sp.）、链霉菌（*Streptomyces* sp.）。

2. 培养基

（1）细菌　牛肉膏蛋白胨琼脂培养基。

（2）放线菌　高氏一号合成培养基。

（3）真菌　马铃薯葡萄糖琼脂培养基。

3. 用具　无菌培养皿、无菌吸管、接种环、玻璃涂布棒等。

五、实验步骤与方法

1. 划线法

①将培养基熔化，冷却至 50 ℃左右，无菌操作在每只无菌培养皿中倒入培养基，静置、冷却、凝固，如有冷凝水则倒置放入 30～37 ℃的温箱中使之干燥（有利于单菌落的形成）。

②接种环灼烧、冷却后，挑取少量一点菌苔或一环菌悬液，在上述培养基表面一侧边缘处划线 3～4 条。

③再次灼烧接种环并冷却，转动培养皿 70°后，分别从上述已划线处错位再次划出 3～4 条直线；再一次转动培养皿并灼烧接种环，待其冷却后，从第二次划线处分别再一次错位划出 3～4 条直线，最后将接种环在培养基中间未划线部位连续划蛇形线。

◆**注意事项**

划线时接种环与平板表面成 30°～40°，以接种环与培养基表面正好接触为适宜，划线动作轻而快，不宜划破培养基表面。划蛇形线时不要与其他线交错。

④在最适温度下，倒置培养 1～2 d 后出现单菌落，根据微生物分类学中对菌落形态特征观察的要求分别从形状、大小、表面、边缘、隆起度、透明度、颜色等方面进行观察与描述。

2. 稀释涂布平板法 适合于单细胞微生物的菌落形态观察。

①根据菌悬液的含菌量进行系列稀释，以能够形成稀疏单菌落为宜。

②用无菌吸管吸取 0.1 mL 菌悬液放置于对应培养基的中央。

③用火焰灼烧玻璃涂布棒灭菌，等冷却后进行均匀涂布。

④在适宜温度下进行培养1～2 d，待菌落形成后，根据微生物分类学中对菌落特征的要求，分别从形状、大小、表面、隆起、透明度、边缘、颜色等方面进行观察与描述。

◆**注意事项**

在不同的菌种、培养基间使用玻璃棒时必须进行灭菌。

3. 稀释混合平板法 适合于单细胞微生物的菌落形态观察。

①先将培养基加热熔化，冷却至 45 ℃保温备用。

②根据菌悬液的含菌量进行系列稀释，以能够形成稀疏单菌落为宜。

③无菌吸管吸取 0.2 mL 菌悬液，放置于无菌培养皿中，分别将已经熔化、冷却到 45 ℃的培养基快速倒入培养皿中（以 15～20 mL/皿为宜），轻轻晃动使其混合均匀，置水平台面上冷却凝固后，在最适宜温度下倒置培养1～2 d形成单菌落。

④单菌落形成后，根据微生物分类学中的菌落特征要求，分别从形状、大小、表面、隆起、透明度、边缘、颜色等方面进行观察与描述。

4. 点接法 适合于丝状微生物的菌落形态观察。

①将熔化后冷却至 50 ℃左右的培养基加入无菌培养皿中，凝固冷却后备用。

②用接种针从斜面菌种上挑取少量菌丝或者孢子，并轻轻地点接于培养基表面，每个培养皿中一般点接 1～3 处。

③在最适宜的温度条件下培养 2～3 d。

④菌落形成后，根据微生物分类的菌落特征要求，分别从形状、大小、表面、隆起、透明度、边缘以及和培养基结合的紧密程度等方面进行观察与描述。

六、实验结果与分析

根据试验结果填入表 2-11-2 中。

表 2-11-2　不同微生物的菌落特征

菌株名称		菌落特征							
		形状	大小	表面	隆起	透明度	边缘	颜色	结合强度
细菌	*Escherichia coli*								
	Bacillus subtilis								
	Staphylococcus aureus								
丝状真菌	*Penicillium* sp.								
	Aspergillus sp.								
	Rhizopus sp.								
	Trichoderma sp.								
放线菌	*Streptomyces* sp.								
酵母	*Saccharomyces cerevisiae*								

七、问题与思考

1. 如何根据菌落区分酵母菌与细菌？
2. 为何丝状真菌的菌落特征与细菌相比，更能成为分类鉴定的依据？
3. 菌落大小与哪些因素有关？如何比较不同微生物的菌落大小？

实验十二　菌种的保藏方法

一、实验目的与要求

学习并掌握常见的微生物菌种保藏方法。

二、实验内容

液体石蜡法、液氮超低温冻结法、-80 ℃冰箱冻结法、真空冷冻干燥法保藏微生物菌种。

三、实验原理

见本书第一部分"七、微生物保藏技术"。

四、实验材料

1. 菌种　大肠杆菌（*Escherichia coli*）和枯草杆菌（*Bacillus subtilis*）。

2. 用具及试剂　酒精灯、火柴、30％甘油、安瓿管、2 mL 离心管、斜面、无菌水等。

五、实验步骤与方法

1. 液体石蜡法　液体石蜡法亦称矿物油保藏法，是指将菌种接种在适宜的斜面培养基上，最适条件下培养至菌种长出健壮菌落后注入灭菌的液体石蜡，使其覆盖整个斜面，再直立放置于低温（4～6 ℃）干燥处进行保存的一种菌种保藏方法。操作步骤如下：

①液体石蜡的准备。选用优质化学纯液体石蜡，将液体石蜡分装加塞，用牛皮纸包好，采用以下两种方式进行灭菌：

121 ℃湿热灭菌 30 min，置 40 ℃恒温箱中蒸发水分，经无菌检查后备用。

160 ℃干热灭菌 2 h，冷却后，经无菌检查后备用。

②斜面培养物的制备。

③灌注石蜡。将无菌的液体石蜡在无菌条件下注入培养好的新鲜斜面培养物上，液面高出斜面顶部 1 cm 左右，使菌体与空气隔绝。

④保藏。注入液体石蜡的菌种斜面以直立状态置低温（4～6 ℃）干燥处保藏，保藏时间 2～10 年。保藏期间应定期检查，如培养基露出液面，应及时补充无菌的液体石蜡。

⑤恢复培养。恢复培养时，挑取少量菌体转接在适宜的新鲜培养基上，生长繁殖后，再重新转接一次。

2. 液氮超低温冻结法　液氮超低温冻结法是将菌种保藏在-196 ℃的液态氮中，或在

－150 ℃的氮气中长期保藏的方法。它的原理是利用微生物在－130 ℃以下新陈代谢趋于停止而有效地保藏微生物。操作步骤如下：

①安瓿管或冻存管的准备。用圆底硼硅玻璃制品的安瓿管，或螺旋口的塑料冻存管。注意玻璃管不能有裂纹。将冻存管或安瓿管清洗干净，121 ℃下高压灭菌 15～20 min，备用。

②保护剂的准备。保护剂种类要根据微生物类别选择。配制保护剂时，应注意其浓度，一般采用 10%～20% 甘油。

③微生物保藏物的准备。微生物不同的生理状态对存活率有影响，一般使用静止期或成熟期培养物。分装时注意应在无菌条件下操作。菌种的准备可采用下列三种方法：一是刮取培养物斜面上的孢子或菌体，与保护剂混匀后加入冻存管内。二是接种液体培养基，振荡培养后取菌悬液与保护剂混合分装于冻存管内。三是将培养物在平皿培养，形成菌落后，用无菌打孔器从平板上切取一些大小均匀的小块（直径 5～10 mm），真菌最好取菌落边缘的菌块，与保护剂混匀后加入冻存管内；或在安瓿管中装 1.2～2 mL 的琼脂培养基，接种菌种，培养 2～10 d 后，加入保护剂，待保藏。

④预冻。预冻时一般冷冻速度控制在以每分钟下降 1 ℃ 为好，使样品冻结到－35 ℃。目前常用的有三种控温方法：一是程序控温降温法，应用电子计算机程序控制降温装置，可以稳定连续降温，能很好地控制降温速率。二是分段降温法，将菌体在不同温级的冰箱或液氮罐口分段降温冷却，或悬挂于冰的气雾中逐渐降温。一般采用二步控温，将安瓿管或塑料冻存管，先放－40～－20 ℃冰箱中 1～2 h，然后取出放入液氮罐中快速冷冻。这样冷冻速率每分钟下降 1～1.5 ℃。三是对耐低温的微生物可以直接放入气相或液相氮中。

⑤保藏。将安瓿管或塑料冻存管置于液氮罐中保藏。一般气相中温度为－150 ℃，液相中温度为－196 ℃。

⑥复苏方法。从液氮罐中取出安瓿管或塑料冻存管，应立即放置在 38～40 ℃水浴中快速复苏并适当摇动，直到内部结冰全部融化为止，一般需 50～100 s。开启安瓿管或塑料冻存管，将内容物移至适宜的培养基上进行培养。

3.－80 ℃冰箱冻结法 将菌种保藏在－80 ℃冰箱中进行冷冻以减缓细胞的生理活动的一种保藏方法。操作步骤如下：

①安瓿管的准备。安瓿管材料以中性玻璃为宜。清洗安瓿管时，先用 2% 盐酸浸泡过夜，自来水冲洗干净后，用蒸馏水浸泡至 pH 中性，干燥后贴上标签，标上菌号及时间，加入脱脂棉塞后，121 ℃下高压灭菌 15～20 min，备用。

②保护剂的选择和准备。保护剂种类要根据微生物类别选择。配制保护剂时，应注意其浓度及 pH，以及灭菌方法。如血清，可用过滤灭菌；牛奶要先脱脂，用离心方法去除上层油脂，一般在 100 ℃间歇煮沸 2～3 次，每次 10～30 min，备用。

③微生物保藏物的准备。在最适宜的培养条件下将细胞培养至静止期或成熟期，进行纯度检查后，与保护剂混合均匀，分装。微生物培养物浓度以细胞或孢子 10^8～10^{10} 个/mL 为宜（以大肠杆菌为例，为了取得每毫升 10^{10} 个活细胞菌液 2～2.5 mL，只需 10 mL 琼脂斜面两支）。采用较长的毛细滴管，直接滴入安瓿管底部，注意不要溅污上部管壁，每管分装量 0.1～0.2 mL。若是球形安瓿管，装量为半个球部。若是液体培养的微生物，应离心去除培养基，然后将培养物与保护剂混匀，再分装于安瓿管中。分装安瓿管时间尽量要短，最好

在 1~2 h 内分装完毕并预冻。分装时应注意在无菌条件下操作。

④冻结保藏。将安瓿管或塑料冻存管置于 -80 ℃冰箱中保藏。

⑤复苏方法。从冰箱中取出安瓿管或塑料冻存管，应立即放置 38~40 ℃水浴中快速复苏并适当快速摇动，直到内部结冰全部融化为止，需 50~100 s。开启安瓿管或塑料冻存管，将内容物移至适宜的培养基上进行培养。

4. 真空冷冻干燥法 将微生物冷冻，在减压下利用升华作用除去水分，使细胞的生理活动趋于停止，从而长期维持存活状态的一种微生物保藏方法。操作步骤如下：

（1）好氧菌冷冻干燥管的制备

①安瓿管准备。同 -80 ℃冰箱冻结法。

②保护剂的选择和准备。同 -80 ℃冰箱冻结法。

③微生物保藏物的准备。同 -80 ℃冰箱冻结法。

④预冻。一般预冻 2 h 以上，温度达到 -35~-20 ℃。

⑤冷冻干燥。采用冷冻干燥机进行冷冻干燥。将冷冻后的样品安瓿管置于冷冻干燥机的干燥箱内，开始冷冻干燥，时间一般为 8~20 h。

⑥真空封口及真空检验。将安瓿管颈部用强火焰拉细，然后采用真空泵抽真空，在真空条件下将安瓿管颈部加热熔封。熔封后的干燥管可采用高频电火花真空测定仪测定真空度。

⑦保藏。安瓿管应低温避光保藏。

⑧质量检查。冷冻干燥后抽取若干支安瓿管进行各项指标检查，如存活率、生产能力、形态变异、杂菌污染等。

（2）厌氧菌冷冻干燥管的制备 主要程序与好氧菌操作相同，注意保护剂的选择和准备，保护剂使用前应在 100 ℃的沸水中煮沸 15 min 左右，脱气后放入冷水中急冷，除掉保护剂中的溶解氧。

（3）复苏方法

①先用 70% 乙醇棉花擦拭安瓿管上部。

②将安瓿管顶部烧热。

③用无菌棉签蘸冷水，在顶部擦一圈，顶部出现裂纹，用锉刀或镊子在颈部轻叩一下，敲下已开裂的安瓿管的顶端。

④用无菌水或培养液溶解菌块，再用无菌吸管移入新鲜培养基，进行适温培养。

六、问题与思考

1. 比较常见保藏方法的优缺点。

2. 当使用实验室常用的 -80 ℃冰箱冻结法时，如果冰箱突然出现故障不能制冷，该如何处理？

第三章　微生物生理特性

实验十三　细菌生长曲线测定

一、实验目的与要求

1. 了解细菌生长曲线特征。
2. 学习液体种子和固体种子的不同接种方法和注意事项。
3. 利用细菌悬液混浊度间接测定细菌生长。

二、实验内容

1. 配制液体培养基。
2. 采用分光光度法测定细菌生长情况。

三、实验原理

将一定量的细菌接种在液体培养基内，在一定的条件下培养，可观察到细菌的生长繁殖有一定规律性，如以细菌活菌数的对数作纵坐标，以培养时间作横坐标，可绘成一条曲线，称为生长曲线。单细胞微生物发酵具有 4 个阶段，即迟滞期、对数期、稳定期、衰亡期。

生长曲线可表示细菌从开始生长到死亡的全过程动态。不同微生物有不同的生长曲线，同一种微生物在不同的培养条件下，其生长曲线也不一样。因此，测定微生物的生长曲线对于了解和掌握微生物的生长规律是很有帮助的。

测定微生物生长曲线的方法很多，有血细胞计数法、平板菌落计数法、称重法和比浊法等。本实验采用比浊法测定，由于细菌悬液的浓度与混浊度成正比，因此，可以利用分光光度计测定菌悬液的光密度来推知菌液的浓度。将所测得的光密度值（测 OD_{650}、OD_{620}、OD_{600} 或 OD_{420}，可任选一波长）与对应的培养时间作图，即可绘出该菌在一定条件下的生长曲线。注意，由于光密度值表示的是培养液中的总菌数，包括活菌与死菌，因此所测生长曲线的衰亡期不明显。

从生长曲线可以算出细胞每分裂一次所需要的时间，即代时，以 G 表示。其计算公式为：

$$G = (t_2 - t_1) / [(\lg W_1 - \lg W_2) / \lg 2]$$

式中，t_1 和 t_2 为所取对数期两点的时间；W_1 和 W_2 分别为相应时间测得的细胞含量（g/L）或 OD 值。

当培养基中同时存在两类糖时，细菌生长表现出一条双峰的生长曲线，第一类如葡萄糖、甘露糖、果糖、蔗糖或甘露醇等，第二类如麦芽糖、阿拉伯糖、山梨醇或环己六醇等，因为微生物利用葡萄糖的酶系是固定的，而利用乳糖（或阿拉伯糖、半乳糖等）的酶系是诱导形成的，由于合成新的酶系需要一定时间，所以在二次生长之前出现了一段停滞期（图2-13-1）。

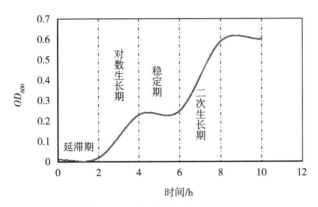

图 2-13-1　细菌的二次生长曲线

四、实验材料

1. 菌种　大肠杆菌（*Escherichia coli*）、枯草杆菌（*Bacillus subtilis*）。

2. 培养基　牛肉膏蛋白胨培养基、二次生长培养基 [磷酸氢二钾 0.5 g、磷酸二氢钾 0.5 g、七水硫酸镁 0.2 g、硫酸铵 2 g、氯化钠 1 g、葡萄糖 0.5 g、乳糖（木糖）1 g、酵母膏 20 mL、蒸馏水 1 000 mL]、生长培养基 [磷酸氢二钾 0.5 g、磷酸二氢钾 0.5 g、七水硫酸镁 0.2 g、硫酸铵 2 g、氯化钠 1 g、葡萄糖（乳糖或木糖）0.5 g、酵母膏 20 mL、蒸馏水 1 000 mL] 等。

3. 用具　培养皿、试管、无菌水、分光光度计等。

五、实验步骤与方法

1. 准备菌种　将大肠杆菌、枯草杆菌分别接种到装有牛肉膏蛋白胨培养基的三角瓶中，37 ℃下 200 r/min 振荡培养 14～18 h。另外将大肠杆菌在牛肉膏蛋白胨平板上划线，准备单菌落平板 1 块（37 ℃培养 24 h）。

2. 接种　分别将 1.5 mL（1％接种量）、4.5 mL（3％接种量）大肠杆菌菌液和一个大肠杆菌单菌落接入含 150 mL 牛肉膏蛋白胨培养基的三角瓶中，37 ℃下 200 r/min 振荡培养；把 4.5 mL 枯草杆菌（3％接种量）接入含 150 mL 牛肉膏蛋白胨培养基的三角瓶中，37 ℃下 200 r/min 振荡培养。

3. 测量　每培养 1 h 取样一次，培养（不包括取样时间）10 h 后结束培养，测量培养液 OD 值，注意刚接种时（0 h）也需要测量。

如果选用 4 mL 比色皿，取 500 μL 培养液到 2 000 μL 蒸馏水中（稀释 4 倍），以蒸馏水为对照，测 OD_{650}（或 OD_{620}、OD_{600}、OD_{420}，任选一波长）；如果选用 1 mL 比色皿，可以取 1 mL 培养液，以无菌培养基为对照，直接测 OD_{650}（或 OD_{620}、OD_{600}、OD_{420}，任选一波长）。

◆**注意事项**

当 OD 值大于 0.6 时，下一样品要稀释 1 倍测量（用无菌培养基稀释，作对照）。

4. 二次生长曲线　将大肠杆菌接种到装有牛肉膏蛋白胨培养基的三角瓶中，37 ℃下 200 r/min 振荡培养 14～18 h，作为种子液。按 3‰接种量将种子液接种到含二次生长培养基的试管中，同时接种仅含一种葡萄糖（乳糖或木糖）的生长培养基，37 ℃下 200 r/min 振荡培养。每 30 min 取样品，以无菌培养基为对照，用分光光度计直接测定 OD 值。

六、实验结果与分析

1. 将 OD 值测量结果记录在表 2-13-1 中。

表 2-13-1　OD 值测量结果

菌种	接种量	时间/h										
		0	1	2	3	4	5	6	7	8	9	10
Escherichia coli	1%											
	3%											
	单菌落											
Bacillus subtilis	3%											

2. 根据表 2-13-1 绘制生长曲线，比较不同菌种和不同接种量对生长曲线的影响。

3. 将二次生长测定的结果填入表 2-13-2，并绘制二次生长曲线，说明大肠杆菌对不同糖类的利用能力。

表 2-13-2　二次生长测定结果

糖	时间/h																				
	0	0.5	1	1.5	2	2.5	3	3.5	4	4.5	5	5.5	6	6.5	7	7.5	8	8.5	9	9.5	10
葡萄糖																					
木糖																					
葡萄糖＋乳糖（木糖）																					

七、问题与思考

1. 如果采用活菌计数法制作生长曲线，会有什么不同？两者有什么区别？

2. 细菌生长繁殖所经历的四个阶段中，哪个阶段的代时最短？若细菌的密度为 10^3 个/mL，培养 5 h 后，其细菌密度达到 2×10^8 个/mL，请计算其代时。

3. 细菌为什么会出现二次生长情况？在自然环境中，二次生长对细菌有何用处？

实验十四　环境条件对微生物生长的影响

一、实验目的与要求

1. 了解温度、pH、渗透压等物理条件对微生物生长的影响及实验方法。

2. 了解药物等化学条件对微生物生长的影响及实验方法。

二、实验内容

1. 温度对微生物生长的影响。
2. pH 对微生物生长的影响。
3. 盐浓度对微生物生长的影响。
4. 不同抗生素对微生物生长的影响。

三、实验原理

环境因素（包括物理因素、化学因素和生物因素），如温度、渗透压、紫外线、pH、氧气、某些化学药品及颉颃菌等会对微生物的生长繁殖、生理生化过程产生影响。不良的环境条件会使微生物的生长受到抑制，甚至导致菌体的死亡。但是某些微生物产生的芽孢，对恶劣的环境条件有较强的抵抗能力。因此，可以通过控制环境条件，使有害微生物的生长繁殖受到抑制，甚至被杀死，而使有益微生物得到发展。

1. 温度　温度是影响微生物生长与存活的最重要因素。自然界的微生物可根据对温度的适应性分为嗜冷菌、中温菌和嗜热菌。但不管哪一种温度型的微生物，都有生长温度范围，分为最高、最适和最低生长温度。在最适温度里生长良好；超过最高温度，细胞死亡；低于最低温度，细胞被抑制或死亡。

温度对微生物影响的实际应用：利用高温进行杀菌，低温抑制微生物生长，最适温度培养微生物。高温加热灭菌法有火焰灼烧、煮沸消毒、干热空气灭菌、高压蒸汽灭菌等。低温下多数微生物处于被抑制状态。病原菌和一些微生物在低温下也易死亡，其致死机理为细胞内外水分结成冰，冰晶对细胞造成损伤破坏作用。因此，低温可以用来保存食品，在一定措施条件下也可保存菌种。

2. 盐浓度　在等渗溶液（环境渗透压和细胞内渗透压相同或相近，如 0.85% 氯化钠）中，微生物正常生长。在高渗溶液（如高盐、高糖溶液中，细胞失水收缩，从而抑制了微生物体内的生理生化反应，抑制其生长繁殖。而在低渗溶液中，由于细胞壁的保护作用，微生物受低渗的影响不大。

不同类型的微生物对盐浓度变化的适应能力不尽相同，大多数微生物在 0.5%～3% 的盐浓度范围内可正常生长，10%～15% 的盐浓度能抑制大部分微生物的生长，但对嗜盐细菌而言，在低于 15% 的盐浓度环境中不能生长，而某些极端嗜盐菌可在盐浓度高达 30% 的条件下生长良好。

3. 抗生素及其他化学药物　抗生素是某些微生物在生长代谢过程中产生的、能抑制或杀死其他微生物的次生代谢产物。每种抗生素都有其固定的抑菌范围和抑菌谱（图 2-14-1），例如，青霉素只对革兰氏阳性菌具有抑菌作用，多黏菌素只对革兰氏阴性菌有作用，这类抗生素称为窄谱抗生素；另一些抗生素对多种细菌具有作

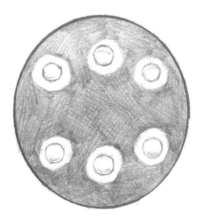

图 2-14-1　多种抗生素的抑菌圈

用，例如，四环素、土霉素对许多革兰氏阳性菌和阴性菌都有作用，称为广谱抗生素。另外，很多化学药品能够清除或抑制微生物生长。

四、实验材料

1. 菌种　大肠杆菌（*Escherichia coli*）、枯草杆菌（*Bacillus subtilis*）。

2. 培养基　牛肉膏蛋白胨培养基。

3. 用具　培养皿、无菌圆滤纸片、镊子、无菌水、无菌滴管、水浴、紫外灯、黑纸等。

4. 试剂　青霉素、土霉素、汞溴红（红药水）、结晶紫液（紫药水）等。

五、实验步骤与方法

（一）物理因素对微生物生长的影响

1. 温度对微生物生长的影响　不同的微生物生长繁殖所要求的最适温度不同，根据微生物生长的最适温度范围可分为嗜热菌、中温菌和嗜冷菌，自然界中绝大部分微生物属中温菌。

①制备菌悬液。取大肠杆菌和枯草杆菌斜面菌种，分别转接到 3 mL 无菌牛肉膏蛋白胨培养液试管中，37 ℃下 200 r/min 振荡培养 14～18 h，作为种子液。

②取 12 支装有无菌牛肉膏蛋白胨培养液试管，每管装 3 mL 培养基，分别标明 10 ℃、20 ℃、28 ℃、37 ℃、45 ℃、55 ℃ 6 种温度，每种温度做 2 管重复。

③向每管接入大肠杆菌种子液 0.1 mL，混匀。

④另取 12 支装有 3 mL 无菌牛肉膏蛋白胨培养液试管，向每管接入枯草杆菌种子液 0.1 mL，混匀。标记菌种和温度。

⑤将上述各管分别按不同温度进行振荡培养 24 h，根据菌液的混浊度判断大肠杆菌和枯草杆菌生长繁殖的最适温度。

⑥结果记录。用试管菌悬液浓度的 OD 值表示，或目测生长量记录"－"表示不生长，"＋"表示稍有长，"＋＋"表示生长好，"＋＋＋"表示高浓度菌液。

2. 不同 pH 对微生物生长的影响

①制备菌悬液。取大肠杆菌和枯草杆菌斜面菌种，分别转接到 3 mL 无菌牛肉膏蛋白胨培养液试管中，37 ℃下 200 r/min 振荡培养 14～18 h，作为种子液。

②配制牛肉膏蛋白胨液体培养基，分别调 pH 至 3、5、7、9 和 11，每种 pH 培养基分装 6 管，每管盛培养液 5 mL，灭菌备用。一半接种大肠杆菌，另一半接种枯草杆菌。

③向每管接入大肠杆菌（或枯草杆菌）种子液 0.1 mL，摇匀，37 ℃下 200 r/min 振荡培养 24 h。

④结果记录。根据菌液的混浊程度判定微生物在不同 pH 生长情况，用试管菌悬液浓度的 OD 值表示，或目测生长量记录"－"表示不生长，"＋"表示稍有长，"＋＋"表示生长好，"＋＋＋"表示高浓度菌液。

3. 盐浓度对微生物的影响

①制备菌悬液。取大肠杆菌和枯草杆菌斜面菌种，分别转接到 3 mL 无菌牛肉膏蛋白胨培养液试管中，37 ℃下 200 r/min 振荡培养 14～18 h，作为种子液。

②以牛肉膏蛋白胨培养基为基础，把其 NaCl 含量分别配制为 1%、10%、20%、40%，

每种 NaCl 含量各 4 管，每管装 5 mL，灭菌后，各取 2 管接入大肠杆菌菌液 0.1 mL（或 2 滴），另各 2 管接入枯草杆菌菌液 0.1 mL（或 2 滴）。

③将各管置 37 ℃下 200 r/min 振荡培养 24 h。

④结果记录。根据菌液的混浊程度判定微生物在不同盐浓度下生长情况，用试管菌悬液浓度的 OD 值表示，或目测生长量记录"－"表示不生长，"＋"表示稍有长，"＋＋"表示生长好，"＋＋＋"表示高浓度菌液。

4. 不同抗生素对微生物生长的影响

①制备菌悬液。取大肠杆菌和枯草杆菌斜面菌种，分别转接到 3 mL 无菌牛肉膏蛋白胨培养液试管中，37 ℃下 200 r/min 振荡培养 14～18 h，作为种子液。

②取 2 个无菌培养皿，每个试验菌皿在皿底写明菌名及测试药品名称。

③分别用无菌滴管加 4 滴（或 0.2 mL）菌液于相应的无菌培养皿中。

④将熔化并冷却至 45～50 ℃的牛肉膏蛋白胨培养基倾入皿中约 15 mL，迅速与菌液混匀，冷凝，制成含菌平板。

⑤用镊子分别取青霉素、土霉素、四环素、利福平、潮霉素、新霉素等的抗生素圆滤纸片各一张，置于同一含菌平板。注意，滤纸片一旦放入就不要移动位置。

⑥将平板倒置于 37 ℃温箱中，培养 24 h 后观察结果，测量并记录抑菌圈的直径。根据其直径的大小，可初步确定测试药品的抑菌效能。

六、实验结果与分析

1. 根据实验结果，将不同物理因素对微生物生长的影响记录于表 2-14-1 中。

表 2-14-1　不同物理因素对微生物生长的影响

环境因素		菌种	
		Escherichia coli	*Bacillus subtilis*
温度	10 ℃		
	20 ℃		
	28 ℃		
	37 ℃		
	45 ℃		
	55 ℃		
pH	3		
	5		
	7		
	9		
	11		
盐浓度	1%		
	10%		
	20%		
	40%		

2. 根据实验结果，将不同抗生素对微生物生长的影响记录于表 2-14-2 中。

表 2-14-2　不同抗生素对微生物生长的影响

抗生素	抑菌圈直径/cm	
	Escherichia coli	*Bacillus. subtilis*
青霉素		
土霉素		
四环素		
利福平		
潮霉素		
新霉素		

七、问题与思考

1. 怎样判断微生物是嗜热菌还是中温菌？

2. 举例说明生活中（如何）利用渗透压抑制微生物生长的方法和原理。

3. 杀菌效果和抑菌效果的区别在哪里？为什么不同微生物对化学消毒制剂的反应不一样？

4. 说明青霉素、土霉素和潮霉素的抗菌谱及其作用机理。

实验十五　微生物生理生化反应及其在分类鉴定中的应用

一、实验目的与要求

1. 学习检测微生物生理代谢特性的实验方法。

2. 联系理论知识、实验结果，分析供试菌株的生理生化特性。

二、实验内容

1. 淀粉水解试验。

2. 石蕊牛乳试验。

3. 糖发酵试验。

4. 伏-普（V.P.）试验。

5. 吲哚试验。

三、实验原理

由于微生物代谢类型具有多样性，使得微生物在自然界的物质循环中起着非常重要的作用，同时为人类进行微生物资源的开发利用提供了更多的机会和途径。另外，由于微生物个体微小，形态简单，因此除了需要观察其形态特征外，人们常利用微生物的生理生化反应的多样性，作为其分类鉴定的重要依据。

微生物在生长繁殖过程中，需从外界环境吸收营养物质。不同细菌对不同含碳化合物分解利用能力、代谢途径、代谢产物不完全相同。例如，有的细菌发酵葡萄糖产生有机酸；而另一些细菌则发酵葡萄糖产生中性的乙酰甲基甲醇。微生物对含碳化合物分解利用的生化反应也是菌种鉴定的重要依据。另外，不同微生物对不同含氮化合物的分解能力、代谢途径、代谢产物等不完全相同。例如，某些细菌能够分解色氨酸产生吲哚，而大分子有机物则不能被微生物直接吸收，它们须经微生物分泌的胞外酶将其分解为小分子有机物，才能被吸收利用。不同微生物分解利用生物大分子能力各有不同，只有那些能够产生并分泌胞外酶的微生物才能利用大分子有机物。

1. 淀粉水解试验 某些细菌能够分泌淀粉酶（胞外酶），将淀粉水解为麦芽糖和葡萄糖，再被细菌吸收利用。淀粉被水解后遇碘不再变蓝色，可通过观察细菌菌落周围的无色圈来检测细菌是否分泌淀粉酶水解淀粉。

2. 石蕊牛乳试验 牛乳中主要含有乳糖和酪蛋白。细菌对牛乳的利用主要是指对乳糖及酪蛋白的分解利用。牛乳中加入石蕊是作为酸碱指示剂和氧化还原指示剂。石蕊中性时呈淡紫色，酸性时呈粉红色，碱性时呈蓝色，还原时则部分或全部褪色变白。

细菌对牛乳的作用有以下几种情况：

（1）酪蛋白水解 某些细菌水解牛乳中酪蛋白成氨基酸和肽，培养基会变得透明。

（2）酸变红凝固 细菌发酵乳糖产酸，使石蕊变红，当酸度很高时，可使牛乳凝固。

（3）凝乳酶凝固 细菌产生凝乳酶，使牛乳中酪蛋白凝固，石蕊呈蓝色或不变色。

（4）还原 细菌生长旺盛使培养基氧化还原电势降低，石蕊被还原而褪色变白。

3. 糖发酵试验 细菌分解糖、醇（如葡萄糖、乳糖、蔗糖、甘露醇、甘油）的能力有很大的差异。有些细菌发酵某种糖产生有机酸（如乳酸、醋酸、甲酸、琥珀酸）及各种气体（如 H_2、CO_2、CH_4）。有的细菌只产酸不产气。

酸的产生可利用指示剂来指示。在配制培养基时可预先加入溴甲酚紫〔pH5（黄）～7（紫）〕。当细菌发酵糖产酸时，可使培养基由紫色变为黄色。气体的产生可由糖发酵管中倒置的杜氏小管中有无气泡来证明。

4. 伏-普（V. P.）**试验** 某些细菌在糖代谢过程中，分解葡萄糖产生丙酮酸，丙酮酸通过缩合和脱羧生成乙酰甲基甲醇，此化合物在碱性条件下被氧化生成二乙酰，二乙酰可与蛋白胨中精氨酸的胍基作用，生成红色化合物，即伏-普反应阳性。

5. 吲哚试验 有些细菌产生色氨酸酶，能分解蛋白胨中的色氨酸而生成吲哚。吲哚本身无颜色，但与对二甲基氨基苯甲醛结合，可以形成红色的玫瑰吲哚。

四、实验材料

1. 菌种 大肠杆菌（*Escherichia coli*）、枯草杆菌（*Bacillus subtilis*）。

2. 培养基 糖发酵管（乳糖、蔗糖、葡萄糖）、蛋白胨液体培养基、葡萄糖蛋白胨液体培养基、淀粉培养基平板、石蕊牛乳培养基等。

3. 试剂 吲哚试剂、乙醚、碘液、肌酸、40％ NaOH、6％ α-萘酚酒精溶液等。

五、实验步骤与方法

1. 淀粉水解试验

①将装有淀粉培养基的锥形瓶置于沸水浴中熔化，然后取出冷却至 50 ℃ 左右，倾入培养皿中，待凝固后制成平板。

②翻转平板使皿底背面向上，用记号笔在其背面玻璃上划成两半，一半用于接种枯草杆菌，另一半用于接种大肠杆菌。接种时用接种环取少量菌在平板两边各划"十"字。

③将接完种的平板倒置于 37 ℃恒温箱中，培养 24 h。

④观察结果时，可打开皿盖，滴加少量碘液于平板上，轻轻旋转，使碘液均匀铺满整个平板。如菌落周围出现无色透明圈，则说明淀粉已被水解。透明圈的大小，可说明该菌水解淀粉能力的强弱。

2. 石蕊牛乳试验

①分别接种大肠杆菌和枯草杆菌于两支石蕊牛乳培养基中，置于 37 ℃恒温箱中培养 7 d。另外保留一支不接种的石蕊牛乳培养基作对照。

②观察结果时，注意牛乳有无水解、产酸、凝固或还原等反应。

3. 糖发酵试验

①用记号笔在各糖管上分别标明接种细菌名称。分别接种大肠杆菌和枯草杆菌于两支糖发酵培养基中。置于 37 ℃恒温箱中，培养 24 h。另外保留一支不接种的培养基。

②观察各发酵罐颜色变化及有无气泡，并记录试验结果。产酸变色又产气用"⊕"表示，产酸不产气用"＋"表示，不产酸不变色也不产气用"－"表示。

4. 伏-普（V.P.）试验

①分别接种大肠杆菌和枯草杆菌于葡萄糖蛋白胨液体培养基中，置于 37 ℃恒温箱中，培养 2 d。

②在培养液中加入等量的 V.P. 试剂或与培养基等量的 40% NaOH，然后加入 0.5～1.0 mg 肌酸粉末，用力振荡，再放入 37 ℃温箱中保温 15～30 min（或在沸水浴中加热 1～2 min）。如培养液出现红色为 V.P. 阳性反应，记录试验结果"＋"。

5. 吲哚试验

①分别接种大肠杆菌和枯草杆菌于蛋白胨液体培养基中，置于 37 ℃恒温箱中，培养 2 d。

②培养 2 d 后，取出试管，在培养液中先加入乙醚 1 mL（使呈明显的乙醚层），充分振荡，使吲哚溶于乙醚中，静置片刻，使乙醚浮为上层。然后再沿管壁加入吲哚试剂 10 滴，在乙醚和培养液之间有红色环出现者为阳性。

◆**注意事项**

加入吲哚后不再摇动，否则界面液体被混合，红色环不明显。

六、实验结果与分析

在表 2-15-1 中记录实验结果，简要分析不同微生物菌株的代谢特征。

表 2-15-1　不同微生物代谢特征

菌种名称	石蕊牛乳试验				淀粉水解试验	糖发酵试验		V.P. 试验	吲哚试验
	酪蛋白水解	产酸	凝固	还原		产酸	产气		
Escherichia coli									
Bacillus subtilis									

七、问题与思考

1. 试说明生理代谢特性作为微生物分类鉴定的理论依据?
2. 试解释进行微生物鉴定时需要进行哪些生理生化分析及其基本原理。

实验十六　细菌鉴定系统 API 和 BIOLOG 的应用

一、实验目的与要求

1. 了解常用细菌鉴定系统 API 和 BIOLOG 的原理。
2. 掌握细菌鉴定系统 API 操作步骤。

二、实验内容

1. 应用 API 20 NE 检测供试菌株的生理生化特性。
2. 应用 BIOLOG GEN Ⅲ 微孔板鉴定细菌。

三、实验原理

采用各种微量反应物进行一次试验就能检测多项试验反应，或几十项试验反应，使微生物能很快地、简易地被鉴定或检测，这种技术被称为多项微量简易检测技术，是针对微生物的生理生化反应，配制各种培养基、反应底物、试剂等，同时检测微生物对多种化合物的利用，在特定的显色剂下产生不同颜色变化，然后进行信息收集、编码，与检索表或数据库比对，最后获得菌种的鉴定结果。

法国生物梅里埃公司 API 20 NE 主要用于鉴定非肠杆菌科的革兰氏阴性菌（如假单胞菌、不动杆菌等），包括 8 个标准化常规测试和 12 个同化试验。试验条是由 20 个含干燥底物或培养基的小管所组成。常规测定用生理盐水的细菌悬浮液接种，培养一段时间后，代谢作用使反应管自然或在加入试剂后产生颜色变化。同化试验含有少量培养基，只有可利用相应底物的细菌才能生长。

试验条是一块有 20 个分隔室的塑料条。分隔室由相连通的小管和小杯组成，各小管中含不同的脱水培养基、试剂或底物等，每一个分隔室可进行一种生化反应，个别的分隔室可进行两种反应（图 2-16-1）。

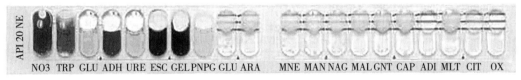

图 2-16-1　API 20 NE 试验条

四、实验材料

1. 菌种　所要鉴定的目的菌种。
2. 培养基　LB 培养基。

3. 用具 接种环、麦氏单位（McFarlaurd）标准管、BIOLOG GN 板、AN MicroPlate、隔水式恒温培养箱、BIOLOG 培养箱、扫描仪、计算机等。

4. 试剂 API 20 NE 试验条、培养盒、AUX 培养基、OX 试剂（购买自法国生物梅里埃公司）等。

五、实验步骤与方法

（一）API 鉴定系统

1. 菌种准备 将斜面菌种接种到 LB 培养基上，划线，在 30 ℃下培养 3 d，分离出单菌落。

2. 选取菌落 挑取单菌落进行氧化酶检测。在玻片上放张滤纸片，在滤纸上滴一滴水，用半个菌落涂在滤纸上，加一滴 OX 试剂，如在 1～2 min 内呈现深紫色，则为阳性反应。此单菌落可以进行下一步用 API 20 NE 的检测。

3. 接种物的制备 用移液器取 2 mL 无杂质无菌生理盐水到 5 mL 灭菌离心管中，用接种环挑取上述单菌落在此管中混匀，所需浓度为 0.5 麦氏单位标准浊度。

4. 试验条的准备 准备一个培养盒（盘和盒子），加入约 5 mL 水于盘的蜂窝小室中，造成一个湿室。在盘的边缘做好标记，从包装中取出 API 20 NE 试验条放到盘中。

5. 试验条的接种 用移液器吸取菌悬液依次接种到从 NO3 到 PNPG 的试验管中。打开 AUX 培养基的安瓿管，加入 200 μL（6～8 滴）菌悬液，混匀。避免产生气泡。吸取此安瓿管中的菌悬液依次接种到从 GLU 到 PAC 的试验管中。然后用矿物油覆盖 GLU、ADH、URE 管。盖上培养盒，在 30 ℃下培养 24 h。

◆**注意事项**

以上操作一定要求无菌操作。所用试剂和耗材要预先灭菌。

6. 检测 参考说明表判读其结果。记录 GLU、ADH、URE、ESC、GEL 和 PNPG 的反应结果（表 2-16-1）。

NO3 试验：各加一滴 NIT1 和 NIT2 至 NO3 管，5 min 后，红色表示阳性反应。反之，为阴性反应。再加 2～3 mg Zn 试剂到 NO3 管中，5 min 后，保持无色表明阳性反应。如果颜色改变为粉红色，表明硝酸盐仍存在，被 Zn 还原为亚硝酸盐，反应结果为阴性。

TRP 试验：加 1 滴 James 试剂，立即发生反应，全管变为粉红色表明阳性。

同化试验：观察小管中细菌生长，不透明杯部表明阳性反应。偶尔有个管显示为弱生长，结果可记录成＋/－或－/＋。

表 2-16-1　API 20 NE 反应判定表

分隔室号	代号	试验条上的反应项目	反应结果	
			阴性	阳性
1	NO3	硝酸盐还原到亚硝酸盐 $NO_3^- \rightarrow NO_2^-$	NIT1＋NIT2 5 min	
			无色	粉红/红色
		硝酸盐还原到氮 $NO_3^- \rightarrow N_2$	Zn 5 min	
			粉红色	无色

（续）

分隔室号	代号	试验条上的反应项目	反应结果	
			阴性	阳性
2	TRP	吲哚	James 试剂 立即	
			无色/浅绿/黄色	粉红色
3	GLU	酸化葡萄糖	蓝或绿	黄色
4	ADH	精氨酸双水解酶	黄色	橙/粉红色/红色
5	URE	脲酶	黄色	橙/粉红色/红色
6	ESC	水解七叶灵（β-葡萄糖苷酶）	黄色	灰/棕色/黑色
7	GEL	水解明胶（蛋白酶）	无色素扩散	黑色素扩散
8	PNPG	β-半乳糖苷酶	无色	黄色
9	GLU	同化葡萄糖	透明	不透明
10	ARA	同化阿拉伯糖	透明	不透明
11	MNE	同化甘露糖	透明	不透明
12	MAN	同化甘露醇	透明	不透明
13	NAG	同化 N-乙酰-葡萄糖胺	透明	不透明
14	MAL	同化麦芽糖	透明	不透明
15	GNT	同化葡萄糖酸盐	透明	不透明
16	CAP	同化癸酸	透明	不透明
17	ADI	同化己二酸	透明	不透明
18	MLT	同化苹果酸	透明	不透明
19	CIT	同化柠檬酸	透明	不透明
20	PAC	同化苯乙酸	透明	不透明
21	OX	细胞色素氧化酶	OX 试剂 1~2 min	
			无色	紫色

7. 鉴定 用分析图形检索或 API LAB Plus 软件。所得反应的类型必须以数字化形式记录在报告单中，每 3 个测定为一组，每个以 1、2 和 4 表明，在每组中，阳性反应以相应的数字相加，由 API 20 NE 的 20 个测定可得一个 7 位数。氧化酶反应为其第 21 个反应。如阳性则为 4。

查照分析图形检索和 API LAB Plus 软件，输入编号后，可得到以下信息：被鉴定出的种名，鉴定相似百分数。如有与鉴定相反的测定结果一般可看该种的阳性反应百分比，鉴定质量的评价。

（二）BIOLOG 鉴定系统

1. 菌种准备 将斜面菌种接种到 LB 培养基上，划线，在 30 ℃下培养 3 d，分离出单菌落。

2. 接种物的制备 用移液器取 2 mL 无杂质无菌生理盐水到 5 mL 灭菌离心管中，用接种环挑取上述单菌落在此管中混匀，所需浓度为 0.5 麦氏单位标准浊度。

3. 接种 将菌悬液加入无菌托盘中，用八道移液器吸取菌液接种，依次加入 96 孔板中，另一孔加入无菌水作为对照。

4. 培养　将 96 孔板转移到培养箱中，30 ℃下恒温培养。

5. 读数　每隔 24 h，将 96 孔板取出，放置到读数仪上读数。

六、实验结果与分析

1. 记录实验菌株在 API 20 NE 试验条上的反应，根据阳性反应编号写出实验菌株的 7 位测试结果数值，比较分析菌株的生理生化特性差异。

2. 根据 BIOLOG 鉴定系统 96 孔板上的读数，计算菌株的相似性。

七、问题与思考

1. API 和 BIOLOG 鉴定系统操作步骤中接种物的制备都要求有一定的浊度，为什么？

2. API 和 BIOLOG 鉴定系统除了用于微生物鉴定，还有哪些应用？

实验十七　抗药性突变株的筛选

一、实验目的与要求

1. 观察细菌的抗药性变异现象。
2. 学习用梯度平板法分离抗药性突变菌株。

二、实验内容

1. 微生物抗药性变异。
2. 梯度平板法分离筛选抗药突变株。

三、实验原理

基因中碱基序列的改变可导致微生物细胞的遗传变异。这种变异有时能使细胞在有害的环境中存活下来，抗药性突变就是一个例子。微生物的抗药性突变是 DNA 分子的某一特定位置的结构改变所致，与药物的存在无关，某种药物的存在只是作为分离某种抗药性菌株的一种手段，而不是引发突变的诱导物。因而在含有一定抑制生长药物浓度的平板上涂布大量的细胞群体，极个别抗性突变的细胞会在平板上生成菌落。将这些菌落挑取纯化，进一步进行抗性试验，就可以得到所需的抗药性菌株。抗药性突变常用作遗传标记，因而掌握分离抗药性突变株的方法是非常重要的。

为了便于选择适当的药物浓度，分离抗药性突变株常用梯度平板法。本实验用梯度平板法分离大肠杆菌抗链霉素突变株。

四、实验材料

1. 菌种　大肠杆菌（*Escherichia coli*）。

2. 培养基　牛肉膏蛋白胨培养基。

3. 试剂　链霉素。

五、实验步骤与方法

①取一个已经灭菌的空培养皿，将其斜放（一边垫起），在无菌条件下倒入不含药物的底层培养基（约 10 mL 牛肉膏蛋白胨培养基）。

②待培养皿中的培养基凝固后将培养皿放平，再倒入含有链霉素的上层培养基（10 mL 牛肉膏蛋白胨培养基，含有链霉素 100 μg/mL），从而获得链霉素浓度从一边到另一边逐渐降低的梯度平板（图 2-17-1）。

③取一支大肠杆菌液体培养物，用移液管移取 0.2 mL 菌液到梯度平板上进行涂布，涂布棒在火焰上灼烧后要待其冷却后再进行涂布，以免烫死细胞。

④将平板倒置于 37 ℃培养 2 d，观察经一次培养的梯度平板上大肠杆菌的生长情况。

⑤选择平板上 1～2 个生长在梯度平板中部的单个菌落，用无菌接种环接触单个菌落朝高药物浓度的方向划线。

⑥将平板倒置于 37 ℃培养 2 d，观察经二次培养的梯度平板上大肠杆菌的生长情况。

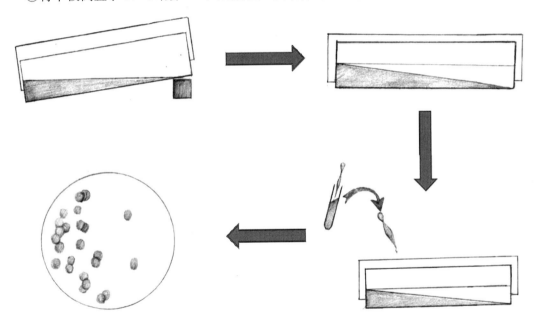

图 2-17-1 梯度平板法筛选抗药性突变株的实验步骤

六、实验结果与分析

描述梯度平板法分离抗药菌株的实验结果。

七、问题与思考

1. 细菌的抗药性机制是怎样的？
2. 分离抗药性突变株为何要用梯度平板法？
3. 思考抗药菌大量产生的原因。

第四章 微生物遗传与分子生物学

实验十八 细菌基因组 DNA 的小量提取——高盐溶解法

一、实验目的与要求

1. 学习制备革兰氏阴性菌基因组 DNA 的基本原理和技术。
2. 掌握高盐溶解法制备革兰氏阴性菌基因组 DNA 的原理和方法。
3. 为后续基因组文库的构建、PCR 扩增等实验提供材料。

二、实验内容

1. 从 1 mL 大肠杆菌（*Escherichia coli*）菌液中提取基因组 DNA。
2. 掌握电泳技术和凝胶成像系统的使用。

三、实验原理

DNA 是遗传信息的载体，是最重要的生物信息分子，是分子生物学研究的主要对象，因此 DNA 的提取也是分子生物学实验技术中最重要、最基本的操作，若不能有效地完成 DNA 提取工作，则无法进行分子生物学相关实验。在 DNA 提取过程中，应做到根据不同的研究需要，保证 DNA 结构的完整性；尽量排除其他生物大分子成分的污染（蛋白质、多糖及 RNA 等），保证提取的样品中不含对酶有抑制作用的有机溶剂及高浓度金属离子。

在基因组 DNA 提取过程中，染色体会发生机械断裂，产生大小不同的片段，因此分离基因组 DNA 时，应尽量在温和的条件下操作，如尽量减少酚-氯仿抽提，混匀过程要轻缓，以保证得到较长的 DNA。利用基因组 DNA 较长的特性，可以将其与细胞器或质粒等小分子 DNA 分离。加入一定量的异丙醇或乙醇，基因组的大分子 DNA 会沉淀形成纤维状絮团，漂浮在溶液当中，可用玻璃棒将其取出，而小分子 DNA 则形成颗粒状沉淀附于壁上及底部，通过这种方式，可达到提取基因组 DNA 的目的。

基因组 DNA 的提取常常用于构建基因组文库、Southern 杂交（包括 RFLP 分析）及 PCR 扩增等方面。一般来说，构建基因组文库，初始 DNA 长度必须在 100 kb 以上，否则酶切后两边都带合适末端的有效片段很少。而进行 RFLP 和 PCR 分析时，DNA 长度可短至 50 kb，在该长度以上，可保证酶切后产生 RFLP 片段（20 kb 以下），并可保证包含 PCR 所扩增的片段（一般 2 kb 以下）。

不同生物（植物、动物或微生物）的基因组 DNA 的提取方法有所不同，不同种类或同一种类的不同组织因其细胞结构及所含的成分不同，分离方法也各有差异。本实验介绍一种细菌基因组 DNA 提取的方法（高盐溶解法），该方法尤其适合于一些产生大量蛋白质的革兰氏阴性野生菌株。本方法通过溶菌酶破除细胞壁，十二烷基硫酸钠（SDS）裂解细胞，蛋白酶降解蛋白的方法使 DNA 和蛋白分离出来，再根据核糖核蛋白与脱氧核糖核蛋白在特定浓度 NaCl 溶液中溶解度不同的特点进行分离，然后用蛋白质变性沉淀剂去除蛋白，使核酸释放出来，最后利用核酸不溶于乙醇的性质将核酸析出，达到分离提纯的目的。

四、实验材料

1. 菌种 大肠杆菌 DH5α。

2. 用具 摇床、台式离心机、恒温水浴、低温冰箱或冰柜、冷冻真空干燥器、移液器、Eppendorf 离心管、枪头等。

3. 试剂 10 mg/mL 溶菌酶、10%SDS、100 mg/mL 蛋白酶 K、5 mol/L NaCl、饱和苯酚-氯仿-异戊醇（25：24：1）、异丙醇、70% 及 100% 乙醇、TE 缓冲液、ddH$_2$O 等。

五、实验步骤与方法

①在 100 mL LB 培养基中接入 1 mL 大肠杆菌 DH5α 培养液，37 ℃下 180 r/min 摇床培养至稳定期。

②取菌悬液 1 mL 于灭菌的 1.5 mL 的 Eppendorf 离心管中，12 000 r/min 离心 1 min。

③回收菌体，加入 1 mL 的 ddH$_2$O 悬浮洗涤，12 000 r/min 离心 1 min。

④再重复步骤③2 次。

⑤菌体沉淀用 270 μL TE 缓冲液悬浮，加入 15 μL 10 mg/mL 溶菌酶，混匀，37 ℃水浴作用 15 min。

◆**注意事项**

溶菌酶是一种专门作用于微生物细胞壁的水解酶，它专一地作用于肽多糖分子中 N-乙酰胞壁酸与 N-乙酰氨基葡萄糖之间的 β-1，4 键，从而破坏细菌的细胞壁，使之松弛而失去对细胞的保护作用，导致细胞壁破裂，内容物逸出而使细菌溶解。

⑥加入 15 μL 10%SDS 混匀，再加入 10 μL 100 mg/mL 蛋白酶 K，轻柔混匀，37 ℃水浴 1 h。

◆**注意事项**

SDS 的主要功能是溶解细胞膜上的脂类与蛋白质，从而破坏细胞膜，并解离细胞中的核蛋白；SDS 还能与蛋白质结合而沉淀。蛋白酶 K 主要用于水解消化蛋白质，特别是与 DNA 结合的组蛋白。

⑦加入 200 μL 5 mol/L NaCl（4 ℃保存），剧烈振荡后，加入 500 μL 饱和苯酚-氯仿-异戊醇（25：24：1），剧烈振荡混匀。

◆**注意事项**

在 5 mol/L NaCl 高盐条件下，蛋白质出现盐析作用而产生较多的沉淀。经过有机溶剂苯酚与氯仿的抽提作用去掉蛋白质和其他细胞组分。苯酚可以使蛋白质变性，氯仿可以使酚层相对密度加大，异戊醇的添加，可以避免剧烈振荡过程中产生泡沫，同时还可以使离心后上下层的界面更加清晰，方便水相的回收。

⑧10 000 r/min 离心 10 min，取上层液体至 1.5 mL Eppendorf 离心管中。

⑨重复以上过程 2～3 次，直至中间蛋白层不明显。

⑩取上层液体后，加入 400 μL TE 缓冲液后加入 500 μL 异丙醇沉淀，置于－70 ℃ 10 min。

◆**注意事项**

TE 缓冲液用于中和高浓度的盐。

⑪10 000 r/min 离心 10 min，沉淀用预冷的 70％乙醇洗两次，自然吹干后，用 50 μL TE 缓冲液溶解。

◆**注意事项**

1. 实验中使用的材料均需灭菌处理。

2. 在使用苯酚、氯仿时须使用一次性手套，以防灼伤，并在通风橱中操作。

3. 任何残留的乙醇都会干扰后续 DNA 分析。

4. 为了准确溶解微量的 DNA，离心时确保 DNA 沉淀于 1.5 mL Eppendorf 离心管外侧内壁底部。

5. 避免吹打 DNA 的动作，以免 DNA 断裂。

六、实验结果与分析

1. 对溶解的细菌 DNA 进行凝胶电泳，应用凝胶成像设备拍照记录实验结果。

2. 分析以下问题。

（1）在对 DNA 凝胶电泳时，哪些 DNA Marker 适合作为参照物？其选择标准是什么？

（2）哪些步骤是本实验的关键步骤？在进行这些步骤时，应注意什么？为什么？

（3）使 DNA 沉淀的常用试剂是什么？如何使 DNA 沉淀比较完全？

（4）该方法提取的 DNA 可用于哪些后续的实验？

（5）如何测定本实验 DNA 溶解液中的 DNA 浓度？

七、问题与思考

1. 哪些细菌基因组 DNA 的提取可以省略溶菌酶的消化作用？

2. 本实验中，为什么是先"加入 15 μL 10％ SDS 混匀"，随后再"加入 10 μL 100 mg/mL 蛋白酶 K 作用"？

实验十九 质粒 DNA 的提取与检测

一、实验目的与要求

学习和掌握碱裂解法小量制备质粒 DNA 的原理、方法和技术。

二、实验内容

1. 从大肠杆菌菌液中提取质粒 DNA（pUC19）。
2. 掌握电泳技术和凝胶成像系统的使用。

三、实验原理

质粒是细菌中游离于染色体之外，能够自主复制的小型双链环状 DNA，大小通常为1～200 kb。有的质粒在每个细胞中拷贝数可达 60～200 个，称为高拷贝数质粒；而有的质粒在每个细胞中只有几个拷贝，称为低拷贝数质粒。在基因工程操作中，质粒常常被用作基因转移的载体，因此质粒 DNA 的提取，是基因操作中最常用最基本的技术。有多种方法可以用来提取质粒。例如，利用碱性或者煮沸条件下，质粒 DNA 和染色体 DNA 变性、复性的不同来进行分离的碱提取法；利用溴化乙锭（EB）插入，造成不同构型的 DNA 浮力密度不同的 CsCl 法；利用在酸性、低离子强度时超螺旋在水相分布，而开环和线状分子在酚相中分布而进行分离的酸酚法；利用玻璃纤维膜吸附 DNA 的快速抽提法等。本实验介绍碱裂解法小量制备质粒 DNA 的原理、方法和技术。

碱裂解法抽提质粒是根据共价闭合环状质粒 DNA 和线状染色体 DNA 在拓扑学上的差异来分离质粒 DNA。在 pH 12.0～12.6 的碱性环境中，线状染色体 DNA 和环状质粒 DNA 氢键只发生部分断裂，其两条互补链不会完全分离；大部分染色体 DNA，不稳定的大分子 RNA 和蛋白质互相缠绕，形成大的复合物，并被 SDS 包裹。当在反应体系中加入乙酸钾或乙酸铵等酸性试剂时，原碱性溶液的 pH 被调至中性，这时在高盐浓度存在的条件下，已分开的染色体 DNA 互补链不能复性，交联形成不溶性网状结构，而部分变性的闭合环状质粒 DNA 在中性条件下很快复性，恢复到原来的构型，呈可溶性状态保存在溶液中。再将此体系离心，不溶性的网状大复合物离心沉降至管底，而上清液中则含有所需要的质粒 DNA。上清液中同时残留的部分可溶性蛋白质、RNA 和少量染色体 DNA，可通过苯酚-氯仿抽提、乙酸沉淀、RNA 酶水解等步骤除去，进而获得纯的质粒 DNA。

四、实验材料

1. 菌种 大肠杆菌 DH5α（pBBR332）（Amp^R，Tet^R）。

2. 用具 台式高速离心机、恒温振荡摇床、高压灭菌锅、涡旋振荡器、制冰机、电泳仪、琼脂糖电泳装置、移液器（20 μL、200 μL、1 000 μL）、1.5 mL Eppendorf 离心管、离心管架等。

3. 培养基及试剂

（1）LB 培养基 蛋白胨 10 g、酵母提取物 5 g、NaCl 10 g，pH 7.0。

（2）氨苄青霉素 配成 100 mg/mL 水溶液，−20 ℃保存备用。

（3）四环素　配成 5 mg/mL 无水乙醇溶液，－20 ℃保存备用

（4）溶液Ⅰ　50 mmol/L 葡萄糖、25 mmol/L Tris-HCl（pH8.0）、10 mmol/L EDTA（pH8.0）。溶液Ⅰ可成批配制，每瓶 100 mL，高压灭菌 15 min，储存于 4 ℃冰箱。

（5）溶液Ⅱ　0.2 mol/L NaOH、1% SDS。

◆**注意事项**

临用前用 10 mol/L NaOH 和 10% SDS 母液稀释，以避免 NaOH 吸收空气中的 CO_2 而减弱碱性。

（6）溶液Ⅲ　5 mol/L KAc 60 mL、冰醋酸 11.5 mL，用水定容至 100 mL，并高压灭菌。

（7）饱和苯酚（pH8.0）。

（8）苯酚-氯仿-异戊醇（25：24：1）　氯仿可使蛋白变性并有助于液相与有机相的分开，异戊醇则可消除抽提过程中出现的泡沫。

◆**注意事项**

苯酚和氯仿均有很强的腐蚀性，操作时应戴手套。

（9）无水乙醇。

（10）70% 乙醇。

（11）RNase A　5 mg/mL，－20 ℃保存。

（12）TE 缓冲液　10 mmol/L Tris-HCl（pH 8.0）、1 mmol/L EDTA（pH 8.0），高压灭菌后储存于 4 ℃冰箱中。

五、实验步骤与方法

①从－70 ℃甘油保种管中，挑取菌体划线于 LB 固体培养基中（含 100 μg/mL 氨苄青霉素、20 μg/mL 四环素），37 ℃培养箱过夜培养。

②挑取以上平板中生长的单菌落于 2 mL LB 液体培养基的试管中（含 100 μg/mL 氨苄青霉素、20 μg/mL 四环素），37 ℃振摇培养过夜。

③吸取 1.5 mL 的各菌落培养物于 Eppendorf 离心管中，12 000 r/min 离心 1 min，弃上清，留下细胞沉淀。

④加入 100 μL 溶液Ⅰ，在涡旋振荡器上强烈振荡混合。

◆**注意事项**

加了葡萄糖可以使悬浮后的菌体不会快速沉积到离心管的底部，而 EDTA 是 Ca^{2+} 和 Mg^{2+} 等二价金属离子的螯合剂，可以抑制 DNase 的活性，并抑制微生物生长。

⑤加入 200 μL 溶液Ⅱ，轻柔反复颠倒 Eppendorf 离心管 5～6 次，以混匀，置于冰浴中 10 min。

◆**注意事项**

NaOH 可以溶解细胞，这是由于细胞膜发生了从双层膜结构向微囊结构的相变化所导

致。不要强烈振荡，以免染色体 DNA 断裂成小的片段而不易与质粒 DNA 分开。

⑥加入 150 μL 溶液Ⅲ，反复颠倒 Eppendorf 离心管，混匀，冰浴 10 min。

◆**注意事项**

2 mol/L 的醋酸可以中和 NaOH，而高浓度的盐条件下，可产生较多的白色沉淀。

⑦12 000 r/min 离心 5 min，取上清液转至另一 Eppendorf 离心管中。

⑧加入 450 μL 苯酚-氯仿-异戊醇（25∶24∶1），剧烈振荡，混匀，12 000 r/min 离心 5 min。

◆**注意事项**

苯酚可以使蛋白质变性，氯仿可以使酚层相对密度加大，异戊醇主要是为了让离心后上下层的界面更加清晰，方便水相的回收。

⑨轻轻吸取上清液至新的 Eppendorf 离心管中，加入 2 倍体积无水乙醇，混匀后，置室温下 2 min，以沉淀核酸。

⑩12 000 r/min 离心 10 min，弃上清液。

⑪用 1 mL 70％乙醇洗涤质粒 DNA 沉淀，可见 DNA 沉淀附于离心管管壁上。将离心管倒扣于吸水纸，吸干液体，空气中干燥至乙醇完全挥发。

⑫加入 20 μL TE 缓冲液，其中含有 50 μg/mL RNase A，室温溶解 DNA 约 30 min。

⑬电泳检验质粒的提取效率。

◆**注意事项**

1. 溶液Ⅱ需新鲜配制使用。

2. 在加入溶液Ⅱ后，切勿振荡，需轻柔混匀。

3. 在用 TE 缓冲液溶解质粒 DNA 前，确保管中的乙醇完全挥发掉。

六、实验结果与分析

1. 对溶解的质粒 DNA 进行凝胶电泳，应用凝胶成像设备拍照记录实验结果。

2. 分析以下问题：

（1）在对质粒 DNA 凝胶电泳时，观察到哪些可能的条带？其对应的产生机制是什么？

（2）哪些是本实验的关键步骤？

（3）该方法提取的质粒 DNA 可用于哪些后续的实验？

七、问题与思考

1. 70％乙醇洗涤质粒 DNA 的作用是什么？

2. 在培养含有质粒的菌株时，为何要在培养液中加入抗生素？

3. 宿主细胞中的质粒是否可以被消除？若能消除，其消除方法有哪些？

4. 为什么一些生长所必需的基因往往并不出现在质粒中？列举一些可能会在质粒中存在的基因，以及不太可能在质粒中存在的基因。

5. 如何设计方案寻找质粒复制所必需的基因？

实验二十　细菌的转化——氯化钙法

一、实验目的与要求

1. 掌握制备大肠杆菌化学感受态细胞的原理和方法。
2. 学习将质粒 DNA 导入大肠杆菌感受态细胞的方法。

二、实验内容

1. 制备大肠杆菌 DH5α 的氯化钙化学感受态。
2. 质粒 pUC19 的转化。
3. 计算感受态细胞的转化率。

三、实验原理

转化是微生物细胞从外界环境中直接摄取裸露的 DNA 分子，外源 DNA 可稳定地存在于受体细胞中，从而使受体细胞获得新的遗传性状的一种自然现象。该现象的发现也证实了核酸是真正的生命遗传物质。转化现象最早发现于自然条件下的细菌中，主要存在于革兰氏阳性菌如芽孢杆菌属、葡萄球菌属、肺炎链球菌，革兰氏阴性菌如流感嗜血杆菌、淋病奈瑟氏球菌属、莫拉氏菌属、不动杆菌属、固氮菌属和假单胞菌属中。

在基因克隆技术中，转化即是将质粒 DNA 或重组质粒 DNA 导入细胞的过程。对于基因工程中最常用的受体菌——大肠杆菌来说，细胞并不会自发地出现感受态，这时需要诱导受体菌产生短暂的感受态，以摄取外源 DNA，这个过程称为人工转化。目前制备感受态细胞的方法很多，如原生质体法、特殊试剂诱导法、$CaCl_2$ 和 RbCl（KCl）法等。RbCl（KCl）法制备的感受态细胞转化效率较高，但 $CaCl_2$ 法简便易行，且其转化效率完全可以满足一般实验的要求，制备出的感受态细胞暂时不用时，可加入终体积 15% 无菌甘油于 $-70\ ℃$ 保存（最长可达半年），因此 $CaCl_2$ 法使用得更为广泛。

$CaCl_2$ 法制备感受态细胞的原理是以低渗透压的 $CaCl_2$ 在 $0\ ℃$ 条件下处理细胞，使细胞膨胀成球形，细胞膜的通透性发生变化，可以与外源的 DNA 形成 DNA-钙-磷复合物，黏附于细胞表面，再经过 $42\ ℃$ 短时间热激处理，促进细胞吸收 DNA 复合物。在选择性培养基中培养后，即可筛选出含有外源 DNA 分子的转化子。

四、实验材料

1. 菌种　大肠杆菌 DH5α、pUC19 质粒。

2. 用具　台式高速冷冻离心机、恒温振荡摇床、分光光度计、高压灭菌锅、涡旋振荡器、超净工作台、制冰机、移液器（$20\ \mu L$、$200\ \mu L$ 和 $1\ 000\ \mu L$）、塑料离心管（1.5 mL 和 50 mL）、离心管架、玻璃锥形瓶等。

3. 培养基及试剂

（1）LB 培养基。

（2）氨苄青霉素（Amp）　配成 100 mg/mL 水溶液，$-20\ ℃$ 保存备用。

（3）100 mg/mL X-Gal。

（4）0.1 mol/L CaCl₂ 的溶液　1 g 无水 CaCl₂ 用蒸馏水定容至 100 mL，高压灭菌，4 ℃保存。

（5）15％甘油（4 ℃保存）。

（6）无菌 ddH₂O。

五、实验步骤与方法

（一）大肠杆菌 DH5α 感受态细胞的制备

①从 37 ℃培养 12～16 h 的大肠杆菌 DH5α 平板中用无菌牙签挑取一个单菌落，转到含有 3 mL LB 液体培养基的试管内，37 ℃振摇过夜。

②次日取过夜培养的 DH5α 菌液 200 mL 接种于装有 20 mL LB 液体培养基的 250 mL 锥形瓶中。37 ℃剧烈振摇培养 2～3 h，振摇速度为 250 r/min，待 OD_{600} 值为 0.3～0.5 时停止培养。

◆注意事项

缩短达到所需量的菌所需的繁殖时间，以减少菌的变异。

③在无菌条件下将细菌转移至灭菌处理过并且预冷的 50 mL 离心管中，冰浴 10 min。

④4 ℃下 4 000 r/min 离心 10 min，回收细胞。

◆注意事项

低温下使细胞代谢速度减慢以防止大量细胞死亡。

⑤弃去培养液，并用移液器吸尽残留的培养液。加入冰浴过的 0.1 mol/L CaCl₂ 溶液 10 mL，重悬菌体，置冰浴 10 min。

⑥4 ℃下 4 000 r/min 离心 10 min，弃去上清，用移液器吸尽残留的液体。

⑦加入冰预冷的 1 mL 溶液（60 mmol/L CaCl₂＋15％甘油），轻轻悬浮细胞，冰上放置几分钟，即成感受态细胞悬液。

⑧感受态细胞分装成 100 μL 的小份，储存于 −70 ℃下，可保存半年。

◆注意事项

制得的感受态细胞，在 4 ℃放置 16～24 h，其转化效率可提高 4～6 倍。

（二）pUC19 质粒 DNA 的化学转化

①加 2 μL 适量浓度的 pUC19 质粒 DNA 至上述制备的 100 μL DH5α 感受态细胞中，冰中放置 30 min。同时设置 2 组对照：一组不加质粒，另一组加已知具有转化活性的质粒 DNA。

②42 ℃加热 90 s 后，再在冰中放置 1～2 min。

◆注意事项

在低温处理后，热激可以使细胞壁热胀冷缩，再低温，使细胞壁上黏附的质粒进入细胞体内。

③加入 900 μL LB 液体培养基，37 ℃振荡培养 60 min。

◆**注意事项**

用 LB 复苏细胞，使细胞恢复活力，从而使细胞中的质粒表达抗抗生素的基因，只有这样才能使转化成功的细菌在有抗生素的 LB 平板上生长。

④在含有 100 μg/mL X-Gal、100 μg/mL Amp 的 LB 平板上培养，形成单菌落。计数白色、蓝色菌落。

◆**注意事项**

这些菌落为转化成功的菌落。培养时间过长，在这些菌落的周围有可能出现较小的卫星菌落，这是因为转化成功的菌落表达的抗性基因使得菌落周围的抗生素失效，长出了未转化成功的菌落。

◆**注意事项**

1. 用于制备感受态细胞的 DH5α 培养菌，最好从 −70 ℃或 −20 ℃甘油保存菌种中活化培养，不要使用经过多次转接或长期储存于 4 ℃的培养菌。

2. 细胞生长以进入对数早期为宜，其细胞密度过低或过高均会影响转化效率。

3. 在制备过程中，使细胞一直处于 4 ℃冰浴中。

4. CaCl₂ 的纯度会直接影响感受态的形成。

六、实验结果与分析

1. 将转化结果记录于表 2-20-1 中，并分析实验中出现的现象。

表 2-20-1　大肠杆菌转化实验结果（氯化钙法）

	含氨苄青霉素的 LB 平板
pUC19 管	
不加质粒管	
已知具有转化活性的质粒管	

2. 计算转化效率评估感受态的转化能力。

七、问题与思考

1. 转化实验中为何要设置不同的对照？其针对解决的问题是什么？

2. 为什么在自然生境中会有一些细胞易于形成感受态？其真正的功能会是什么？

3. 设计实验，以获得丧失了 DNA 转化功能的 DH5α 细胞，其细胞转化能力的丧失可能是由哪些原因所导致的？

实验二十一 细菌的转化——电穿孔法

一、实验目的与要求

1. 掌握用电穿孔法制备大肠杆菌感受态细胞的原理和方法。
2. 学习使用电穿孔法将质粒 DNA 导入大肠杆菌的方法。

二、实验内容

1. 制备大肠杆菌 DH5α 的电转化感受态细胞。
2. 质粒 pUC19 的转化。
3. 计算感受态细胞的转化率。

三、实验原理

除了使用化学方法人工诱导微生物的感受态之外，其他技术也被尝试用于实现微生物的转化，其中最成功的是电穿孔法。电穿孔又称电转化或电渗透，是通过将电场施加到细胞以增加细胞膜的渗透性，从而允许化学品、药物或 DNA 被引入细胞的过程。电穿孔法的基本原理是用高压脉冲电流，瞬间击破细胞膜形成小孔，或者撕裂细胞膜形成缝隙，使各种大分子包括 DNA 能通过这些小孔（缝隙）进入细胞。电穿孔法最初用于将 DNA 导入真核细胞，后来也逐渐用于转化包括大肠杆菌在内的原核细胞。除此之外，改变相关技术参数，电穿孔法还可以用于哺乳动物细胞、昆虫细胞、植物原生质体等对象。总的来说，电穿孔法简单粗暴，广泛适用于不同类型、不同种属的生物细胞。

电穿孔法需要特定的电穿孔仪和配件——电击杯（图 2-21-1）。将微生物细胞悬液和外源 DNA 混合之后，置于电击杯中形成 1~2 mm 的距离，通过施加电场（1.0~1.5 kV，250~750 V/cm）而起作用。通常电转化的效率比化学转化效率大约高出十倍。在大肠杆菌中，通过优化各种参数（电场强度、电脉冲长度和 DNA 浓度等），每微克 DNA 可以得到 10^9~10^{10} 个转化子。

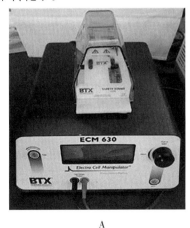
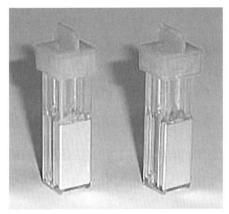

A   B

图 2-21-1 电穿孔仪与电击杯
A. 电穿孔仪 B. 电击杯

四、实验材料

1. 用具　大容量冷冻离心机、恒温振荡摇床、分光光度计、高压灭菌锅、涡旋振荡器、超净工作台、制冰机、移液器（20 μL、200 μL 和 1 000 μL）、塑料离心管（2 mL 和 50 mL）、大离心瓶（500 mL）、玻璃锥形瓶、离心管架等。

2. 试剂

（1）LB 培养基。

（2）氨苄青霉素（Amp）　配成 100 mg/mL 水溶液，−20 ℃保存备用。

（3）100 mg/mL X-Gal。

（4）15%甘油（4 ℃保存）。

（5）1.5 L 无菌 ddH$_2$O。

3. 菌株　大肠杆菌 DH5α、pUC19 质粒。

五、实验步骤与方法

（一）电转化感受态细胞的制备

①从新鲜的 LB 平板（37 ℃培养 12~16 h）上挑取一个 DH5α 单菌落，转到含有 50 mL LB 液体培养基的锥形瓶内，37 ℃振摇（200~250 r/min）培养过夜。

②次日，取过夜培养的 DH5α 菌液 1 mL，接种于装有 500 mL LB 液体培养基的 1~2 L 锥形瓶中。37 ℃剧烈振摇培养 2~3 h，振摇速度为 250 r/min。

③检测培养液 OD_{600} 值，待 OD_{600} 值为 0.3~0.5 时停止培养。

◆**注意事项**

控制培养液中活菌数量不超过 10^8 cfu/mL 是实现高效转化的关键。对于大多数大肠杆菌品系（包括 DH5α）来讲，这一浓度约相当于 $OD_{600}=0.4$，通常需要培养 2.5 h 左右。

④迅速将培养液置于冰浴中，不时缓慢摇动以保证菌液充分冷却，冰浴 15~30 min（需要的话，这种方式可以存放培养液数小时）。

◆**注意事项**

为了获得最大效率的转化，整个操作过程中细菌温度不超过 4 ℃是关键。

⑤细胞在 4 ℃下 5 000g 离心 15 min，弃去上清液（如果需要，可将细胞沉淀在 4 ℃的 10%甘油中保存 1~2 d）。

⑥用冰浴预冷的无菌水重悬浮细胞。先用涡旋振荡器或移液器重悬浮细胞，然后加水稀释至离心管的 2/3 体积。

⑦照步骤⑤、⑥重复离心，小心弃去上清液，并用预冷的无菌水再次重悬细胞。

⑧同步骤⑤，再次离心，弃上清液，然后用 20 mL 灭菌的、冰冷后的 10%甘油重悬浮细胞。

⑨同步骤⑤，再次离心，小心弃去上清液（沉淀可能会很松散），用冰冷的 10%甘油重悬浮细胞至最终体积为 2~3 mL。

⑩将细胞按 100 μL 等份装入微量离心管，于−80 ℃保存，可保存半年。

（二）pUC19 质粒 DNA 的电穿孔转化

①调节电穿孔仪，使得电容为 25 μF，电压 2.5 kV，电阻 200 Ω。

②充分清洗电击杯，再用 75％乙醇浸泡 5 min 后，置于冰上预冷。

③取出冻存的感受态细胞，冰浴 5 min（如紧接上述制备过程，此步骤可省略）。

④向感受态细胞中添加 1～3 μL DNA，冰浴约 5 min。

⑤转移 DNA-细胞混合物至冷却后的 2 mm 电击杯中。

◆**注意事项**

用手指轻轻叩击电击杯，使得混合物位于电击杯底部，擦干电击杯表面的冷凝水和雾气。

⑥启动电击，仪器应显示 4～5 ms 具有 12.5 kV/cm 的电场强度。

⑦取下电击杯，立即在室温下添加 500 μL 的 LB 液体培养基。

◆**注意事项**

有研究者认为，室温下加入培养液可造成热激，提高转化效率。

⑧将电击杯中的混合液转入 2 mL 的无菌离心管中，用涡旋振荡器于 37 ℃复苏细胞 1 h。

⑨取适当体积（通常一个平板加 100～200 μL）菌液，均匀涂布于含有 100 μg/mL X-Gal、100 μg/mL Amp 的 LB 平板上。

⑩37 ℃过夜培养，12 h 后分别计数白色、蓝色菌落。

◆**注意事项**

1. 培养时间过长，在这些菌落的周围有可能出现较小的卫星菌落，这是因为转化成功的菌落表达的抗性基因使得菌落周围的抗生素失效，长出了未转化成功的菌落。

2. 电转时，电击杯内混合液的导电性大于 5 mEq（0.2 cm 间隙的电击杯对应 10 mmol/L 的盐或者 20 mmol/L Mg^{2+}溶液），则会产生"爆杯"现象：电击时产生明显的弧光，电击杯烧黑甚至产生裂痕，大量细胞被电流杀死，转化率严重降低。爆杯通常是因为混合液中离子浓度过高，因此在制备待电转的 DNA（质粒、PCR 产物、酶连产物等）时，应该尽可能除去盐分。

六、实验结果与分析

1. 将转化结果记录于表 2-21-1 中，并分析实验中出现的现象。

表 2-21-1　大肠杆菌转化实验结果（电穿孔法）

不同的离心管	含氨苄青霉素的 LB 平板
pUC19 管	
不加质粒管	
已知具有转化活性的质粒管	

2. 计算转化效率评估感受态的转化能力。

七、问题与思考

1. 与化学转化法（如氯化钙法）相比，电穿孔法有哪些优缺点？主要适用于哪些情况？
2. 针对不同菌株的电转化操作，为提高转化效率，主要应该调整哪些技术条件？
3. 电转之后，如何筛选出正确的转化子？

实验二十二　细菌的接合

一、实验目的与要求

1. 掌握细菌发生接合作用的具体机制。
2. 学习将绿色荧光蛋白质粒接合至受体菌的方法。

二、实验内容

1. 分离筛选菜豆根瘤菌的链霉素抗性突变株。
2. 掌握将编码绿色荧光蛋白的可接合质粒转移到菜豆根瘤菌中的具体实验方法。
3. 计算以上接合作用的发生频率。

三、实验原理

接合作用过程如图 2-22-1 所示，供体菌通过性菌毛与受体菌直接接触，将质粒或者其携带的不同长度的基因组片段传递给后者，使后者获得新遗传性状的现象，称为接合。革兰氏阴性细菌的接合过程需要供体细胞具备两个条件：*tra* 基因与 *oriT* 序列。*tra* 基因编码接合过程中所需要的各种蛋白，存在于两个系统中：Mpf 系统（接合配对形成）和 Dtr 系统（用于 DNA 转移）。

接合过程的起始由 Mpf 系统介导，供体菌在其细胞表面形成性菌毛，性菌毛连接受体细胞，供体菌和受体菌进而接触并形成通道小孔。Mpf 系统所编码的伴侣蛋白同膜通道结合，并且特异性识别 Dtr 元件中的缺刻酶以及将要被转移的其他蛋白（必须含有特定的氨基酸序列）。随后 Dtr 系统编码的缺刻酶在质粒的 *oriT* 位点上进行单链切割，解旋酶解开质粒 DNA 的双链。结合在单链 DNA 5′ 端的缺刻酶通过供、受

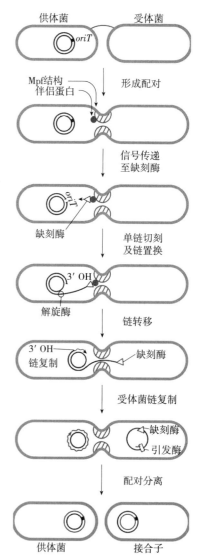

图 2-22-1　自体转移质粒的接合过程
（引自 Larry Snyder 等，2007）

体之间的通道，携带所结合的单链 DNA，直接进入受体细胞中。缺刻酶一旦进入受体菌中，可以重新开始单链 DNA 的环化。引发酶（由宿主或者是可移动质粒的 Dtr 系统编码）复制互补链，从而在受体菌中形成了完整的双链环状质粒 DNA。供体菌中由缺刻酶所形成的缺口的 3' 端发挥引物的作用，在供体菌中形成完整的双链环状质粒 DNA。

能够进行接合的质粒可分为两种：一种是自体转移质粒，其质粒中含有 *tra* 基因和 *oriT* 序列，可以自行转移；另一种是可移动质粒，它们需要在处于同一细胞中的另一个自体转移质粒的帮助下实现转移，其关键是识别自体转移质粒的伴侣蛋白，而接合过程中的 Dtr 系统所需要的缺刻酶和解旋酶则来自可移动质粒自身。

本实验主要学习将供体菌（大肠杆菌）中的可结合质粒转移到受体菌（菜豆根瘤菌）中的实验方法。实验中的大肠杆菌（*Escherichia coli*）SM10-λpir 的染色体上含有由 λ 噬菌体带来的 *pir* 基因，*pir* 基因所编码的 π 蛋白是含 γ ori 的质粒复制所必需的。

四、实验材料

1. 菌种 大肠杆菌（*Escherichia coli*）SM10-λpir（pJZ383，Spe^r，Str^s）、菜豆根瘤菌（*Rhizobium phaseoli*）CFN42。

2. 用具 台式高速冷冻离心机、恒温振荡摇床、涡旋振荡器、超净工作台、移液器（20 μL、200 μL 和 1 000 μL）、荧光显微镜、离心管、离心管架、0.45 μm 直径滤膜、载玻片等。

3. 培养基及试剂

（1）LB 液体培养基 蛋白胨 10 g、酵母提取物 5 g、NaCl 10 g，pH 7.0。

（2）PY 液体培养基 胰蛋白胨 3 g、酵母提取物 1 g、CaCl$_2$ 0.658 9 g，pH 7.0。

（3）PY 固体培养基 PY 液体培养基中加 15% 琼脂。

（4）壮观霉素（Spe）和链霉素（Str） 均配成 100 mg/mL 水溶液，−20 ℃ 保存备用。

五、实验步骤与方法

（一）菜豆根瘤菌 CFN42 菌株 Str^r 自发突变株的分离

①28 ℃ 下在 PY 液体培养基中培养菜豆根瘤菌 CFN42 至 OD_{600} 约 1.0。

②取 1 mL CFN42 培养液于 2 mL 离心管中，12 000 r/min 离心 2 min，取 100 μL PY 液体培养基悬浮菌体，涂布于含有 Str 100 μg/mL 的 PY 平板中，28 ℃ 培养 3～4 d。

◆**注意事项**

若在含 100 μg/mL Str 的 PY 平板中未出现预期菌落，可适当降低 Str 的筛选浓度。随后在该 Str 抗性自发突变株的培养物中筛选能够在含 100 μg/mL Str 的 PY 平板中正常生长的菌落。

③从含 Str 的 PY 平板中挑取长出的菌落重新划线于含有 Str 100 μg/mL 的 PY 平板中，28 ℃ 培养 2 d。

④含 Str 的 PY 平板中生长良好的菌即为 CFN42 菌株的 Str 自发突变株，用作后续实验的受体菌株。

（二）绿色荧光蛋白质粒的接合转移

①分别挑取供体菌（大肠杆菌）和受体菌（菜豆根瘤菌）的单菌落于 2 mL LB（含有 Spe 100 μg/mL）和 2 mL PY（含有 Str 100 μg/mL）液体培养基中，分别于 37 ℃和 28 ℃振荡培养过夜。

②以上菌液按 1%接种量分别至新鲜的加有对应抗生素的 2 mL 液体培养基中培养，至 OD_{600} 约 1.0。

③分别吸取 1 mL 供体菌液和受体菌液至 1.5 mL 离心管中，12 000 r/min 离心 2 min，去上清。

④吸取 1 mL PY 液体培养基至以上供体菌和受体菌离心管中，利用涡旋振荡器振荡摇匀。12 000 r/min 离心，倒去上清。重复该步骤 2 次。

⑤在去除上清的供体菌、受体菌离心管中加入 100 μL PY 液体培养基，涡旋振荡混匀。

⑥在 PY 无菌平板表面，用无菌镊子放入 3 张无菌滤膜，彼此分离开。

⑦用移液器吸取 50 μL 供体菌于一张滤膜中，50 μL 受体菌于另一张滤膜中，剩余的 50 μL 供体菌和受体菌混合，涡旋振荡混匀，吸入至第三张滤膜中。并在培养皿表面标记滤膜加入菌的类别。

⑧将接合菌平板轻轻移至 28 ℃培养箱中，静置培养 8～12 h。

（三）接受了绿色荧光蛋白质粒的接合子的筛选

①准备几块含有 Str 100 μg/mL、Spe 100 μg/mL 的 PY 平板，冷却凝固后，用记号笔做好标记，2 块平板分别涂布供体菌和受体菌，单独培养作为对照，剩余平板用于供、受体混合培养物。

②分别加入 1 mL PY 液体培养基于 3 个 2 mL 无菌离心管中，分别对应夹入以上 3 片含有对应菌体的滤膜。剧烈涡旋振荡后，使滤膜中菌体分散至 PY 液体培养基中，并丢弃其中的滤膜。

③各吸取 100 μL 供体菌液、受体菌液对照于以上双抗培养平板中。对供体、受体混合菌液进行系列梯度稀释后对应涂布于双抗平板中，28 ℃静置培养 3 d。

④挑取 3～5 个接合子平板中分离的接合子单菌落，在荧光显微镜下观察受体菌绿色荧光蛋白的表达情况。

◆**注意事项**

1. 依赖于抗生素筛选的接合实验，抗生素的选择根据供体菌和受体菌对抗生素的耐受性和敏感性的情况，合理设计。其中链霉素是接合实验中常使用的用于标记受体菌的一种抗生素标签，受体菌在繁殖的过程中，若其核糖体蛋白编码基因（*rpsL*）发生突变，即表现出链霉素抗性。

2. 接合过程中，受体菌与供体菌数量比例＞1，可以提高接合效率。

3. 接合过程发生前，需要对供体菌和受体菌进行洗涤，其目的是去除抗生素，以免接合时影响对应接合菌的生长。

六、实验结果与分析

1. 在表 2-22-1 中记录双抗性平板中出现的实验现象。

表 2-22-1　细菌的接合实验结果观察

细菌类型	含 Str、Spe 的 PY 平板
供体菌	
受体菌	
供体、受体混合菌	

2. 如表 2-22-1 所示，出现供体菌对照生长受体菌不生长，或受体菌对照生长供体菌不生长，或供体菌、受体菌俩对照平板均生长的实验现象，如何分析？

3. 如何计算该接合的接合效率？采用不同的接合时间，观察接合时间长短对平板上所出现的接合子数量的影响。

七、问题与思考

1. 在供体菌将绿色荧光蛋白质粒接合至对应某受体菌体内时，供体菌其原始体内的质粒还存在吗？

2. 受体菌 CFN42 通过接合获得的绿色荧光蛋白是否会在接合过程中又转移至供体菌细胞内？

3. 将属于同一种的两株菌混合培养后，观察到了一些不同于原始培养菌株的新型重组子，它的产生可能是由这两株细菌的接合作用造成的。设计实验确定谁是供体，谁是受体。

实验二十三　基于转座子的细菌突变体文库构建

一、实验目的与要求

1. 掌握转座子随机插入的原理。
2. 学习鉴定已知序列侧翼的未知序列信息的方法。

二、实验内容

1. 荧光假单胞菌（*Pseudomonas fluorescens*）的转座子接合实验。
2. 运用任意 PCR 的方法鉴定荧光假单胞菌转座子诱变基因序列的类别。

三、实验原理

转座子是一种不依靠同源重组而能在基因组内移动的 DNA 序列。它通常在一些特定序列上进行插入，这些特定序列在基因组上的分布是相对随机的，因而转座子在基因组上的插入也是随机的。它的插入导致被插入基因的中断，因而转座子及其衍生物作为分子标签已被广泛应用于基因的分离和克隆，成为发现新基因，克隆功能基因，以及研究蛋白功能的有效工具。

转座子的基本结构为两端重复序列，中间是编码转座酶的可读框。按照转座机制可分为两大类：DNA 介导复制的转座子和 RNA 介导反转录复制的转座子。DNA 介导复制的转座子两端是较短的反向重复序列，转座子长度较短；RNA 介导反转录复制的转座子两端是长的同向重复序列，整个转座子较长。由于 DNA 介导复制的转座子的转座机制相对简单、结构较小，因而研究得较详细。mariner 类转座子即是一类 DNA 介导复制的转座子，长约 1.3 kb，末端带有 30 bp 左右的反向重复序列，中间编码 346 个氨基酸的转座酶蛋白，插入靶基因组时引起靶序列 TA 的重复。由于此类转座子转座时不需要宿主元件的作用，以及它在宿主中分布的广泛性，所以对其转座机制、分布，以及对生物遗传和突变中的影响等研究得较多。

进行转座子随机诱变，首先必须选择一个合适的转座子载体。这一载体应具备两个功能：①可通过转化和接合转入受体菌；②在受体菌中不能自我复制，即必须为自杀型质粒，以保证抗性筛选得到的接合子都为转座子整合于基因组上的。随机诱变的具体操作较简单，只要将含有转座子的自杀型质粒转入目标菌株，然后在抗性平板上筛选突变菌株，再进一步用特定方法选择和鉴定目的突变株。

四、实验材料

1. 菌种　大肠杆菌（*Escherichia coli*）SM10-λpir（pSC123），质粒中携带有 mariner 转座子、Kan^R、Str^S；荧光假单胞菌（*Pseudomonas fluorescens*）ATCC 13525（Str^R）。

2. 用具　台式高速冷冻离心机、恒温振荡摇床、涡旋振荡器、超净工作台、PCR 仪、电泳仪、凝胶成像设备、移液器（20 μL、200 μL 和 1 000 μL）、离心管、PCR 管、离心管架、0.45 μm 直径滤膜等。

3. 培养基及试剂

（1）LB 培养基。

（2）PY 液体培养基。

（3）卡那霉素（Kan）和链霉素（Str）　均配成 100 mg/mL 水溶液，−20 ℃保存备用。

（4）氯霉素（Cm）　配成 20 mg/mL 水溶液，−20 ℃保存备用。

五、实验步骤与方法

（一）荧光假单胞菌基因组的转座子诱变

①取活化后的供体菌 SM10-λpir（pSC123）接入 2 mL LB 液体培养基（含有 Cm 20 μg/mL，Kan 100 μg/mL）中，37 ℃培养 5～6 h；取受体菌 ATCC 13525 接入 2 mL LB 液体培养基（含有 Str 100 μg/mL）中，28 ℃摇床培养至 OD_{600} 为 1.0 左右。

②各取供体菌、受体菌 2 mL 至 2 mL 离心管中，12 000 r/min 离心 2 min，去上清。

③吸取 1.5 mL LB 液体培养基至以上供体菌和受体菌离心管中，利用涡旋振荡器振荡摇匀。12 000 r/min 离心，倒去上清。重复该步骤 2 次。

④在去除上清的供体菌、受体菌离心管中加入 100 μL LB 液体培养基，悬浮动作轻柔。

⑤在 LB 无菌平板表面，用无菌镊子放入 3 张无菌滤膜，彼此分离开。

⑥取 20 μL 供体菌和受体菌悬液分别铺于 2 个滤膜上，作为对照。剩余的 80 μL 供体和受体菌混匀，均匀铺于剩下的 1 个滤膜上。

⑦将接合菌平板轻轻移至 28 ℃培养箱中，静置培养 6 h。

（二）荧光假单胞菌基因组转座诱变子的筛选

①分别加入 1 mL LB 液体培养基于 3 个 2 mL 无菌离心管中，分别对应夹入以上 3 片含有对应菌体的滤膜。剧烈涡旋振荡后，使滤膜总菌体分散至 LB 液体培养基中。

②吸取 100 μL 供体菌液、受体菌液对照于以上 LB 双抗平板（含有 Str 100 μg/mL，Kan 100 μg/mL）中。对供体、受体混合菌液进行系列梯度稀释后对应涂布于 LB 双抗平板中，28 ℃静置培养 2 d。

③剩余的 900 μL 接合菌落离心后，沉淀溶于 450 μL PY 液体培养基中，与 30％甘油等量混合，终体积为 900 μL。50 μL 分装保存于－70 ℃。

（三）转座子侧翼基因的鉴定

①挑取 3～5 个以上 LB 双抗平板（含有 Str 100 μg/mL，Kan 100 μg/mL）中的诱变子单菌落于 1 mL 含有相应抗生素的 LB 液体培养基中，28 ℃摇床培养。

②提取诱变子菌液细菌基因组 DNA。

③对基因组 DNA 进行任意 PCR。

a. 第一轮 PCR 所用的引物为根据转座子的 5′端设计的特异性引物（SC123-1）和两个可以与染色体 DNA 随机结合的随机引物（ARB1 和 ARB6）（表 2-23-1）。反应体系为 20 μL，反应模板为诱变子基因组 DNA，反应条件为：95 ℃，5 min；6 个循环（94 ℃，30 s；30 ℃，30 s；72 ℃，1 min）；30 个循环（94 ℃，30 s；55 ℃，30 s；72 ℃，1 min）；72 ℃，5 min。

b. 第二轮 PCR 的引物为转座子 5′端的巢式引物（SC123-2）和随机引物 ARB2，反应体系为 50 μL 并取 1 μL 第一轮的产物作为第二轮的模板，反应条件为：30 个循环（94 ℃，30 s；55 ℃，30 s；72 ℃，1 min）；72 ℃，5 min。

④取 3 μL 扩增产物直接进行 1.0％琼脂糖凝胶电泳检测并测序。测序引物为第二轮 PCR 的转座子内部引物（SC137-2）。

表 2-23-1　任意 PCR 引物序列

引物	序列
ARB1	5′-GGCCACGCGTCGACTAGTACNNNNNNNNNNNGATAT-3′
ARB6	5′-GGCCACGCGTCGACTAGTACNNNNNNNNNNNACGCC-3′
ARB2	5′-GGCCACGCGTCGACTAGTAC-3′

⑤得到核酸序列后，在线比对寻找与所测得的染色体扩增片段具有同源性的氨基酸序列，以获得被插入基因信息。

◆注意事项

①在活化转座子供体菌时，避免挑取单个菌落活化，应同时取几个菌落混合活化培养。

②在进行任意 PCR 鉴定插入基因序列时，可以通过调整退火温度（不低于 45 ℃）、PCR 反应液中 Mg^{2+} 浓度优化实验。

③若需要获得受体菌转座子侧翼较长的序列信息，可以通过亚克隆的方法实施，即对诱变子的基因组进行特定限制性内切酶的消化，酶连至同样消化的质粒载体中，采用转座子上的标签抗生素筛选相应的克隆转化子，进而测序获得相关序列信息。

六、实验结果与分析

1. 计算转座子随机插入诱变的效率。

2. 分析诱变子基因组中被转座子插入基因的类别。

七、问题与思考

1. 运用转座子诱变基因组和化学剂诱变基因组，其优缺点各有哪些？

2. 如果你从环境中分离到一株可以分解和利用 2，4-二氯苯氧乙酸的恶臭假单胞菌 (*Pseudomonas putida*)，列出你通过转座子随机诱变的方法克隆该特异性降解基因的具体过程。

3. 黏质沙雷氏菌 (*Serratia marcescens*) 在培养的过程中会以较高的频率出现失去红色色素，随后又可能回复原始红色色素外观的现象。如何确定这种现象的产生是由于一段序列的可逆性插入所造成的？

实验二十四　枯草杆菌染色体基因敲除

一、实验目的与要求

1. 掌握染色体基因敲除的基本原理。
2. 学习枯草杆菌染色体基因敲除的方法。

二、实验内容

1. 构建用于同源重组的 DNA 序列。
2. 枯草杆菌的转化和重组子筛选。

三、实验原理

对细菌染色体上某个基因进行敲除 (knock-out)，然后跟野生型进行对比，观察受该基因影响的相应性状，是了解基因功能的一种基本方式。因此，基因敲除是细菌遗传学和分子生物学研究最常见的操作。进行基因敲除的技术目前主要包括同源重组法 (homologous recombination)、非同源末端连接法 (NHEJ)、锌指蛋白法、TALENS 法、CRISPR/Cas9 法等。其中同源重组法是最传统，而且在微生物领域依然是十分有效的方法。

同源重组是两股具有相同/相似序列的 DNA 在细胞内重组相关酶的参与下，发生重排交换的过程。同源重组可以产生 DNA 分子单向转移的效果 (single crossover)，也可以导致 DNA 分子双向交换的效果 (double crossover)。无论是单向转移，还是双向交换，若导致目标基因的中断，均可达到基因敲除的效果。在实践中，通过双向交换型同源重组策略进行基因敲除的研究很多，因此将在本实验中进行介绍，其原理如图 2-24-1 所示。

经典的构建用于同源重组 DNA 交换模板的方式是：首先选取目标基因上下游侧翼序列 (同源序列)，将这两段序列置于一个抗生素抗性基因的两侧。这三段串联的 DNA 序列可由 PCR 产物直接连接而成，也可通过基于质粒的传统克隆工作而得到，再经过转化等方式转移至受体细胞内之后，即可在重组相关酶的作用下发生同源重组。抗生素抗性基因用于筛选发生了同源交换的重组子。

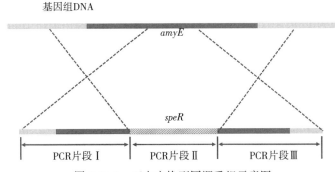

图 2-24-1 双向交换型同源重组示意图

（图中 *amyE* 为枯草杆菌淀粉水解酶基因，*speR* 为壮观霉素抗性基因）

枯草杆菌是革兰氏阳性菌研究的模式菌种，也是公认安全的菌株，是用于许多药物生产的宿主菌。本实验中使用的菌株为枯草杆菌 168 菌株，该菌株是野生菌株长期驯化（domestication）之后，具有良好可转化性的突变株。

四、实验材料

1. 菌种　枯草杆菌 168（*Bacillus subtilis* subsp. *subtilis*168，trpC2）感受态细胞。

2. 工具　台式高速离心机、恒温振荡摇床、涡旋振荡器、超净工作台、PCR 仪、电泳仪、凝胶成像设备、移液器（10 μL、20 μL、100 μL 和 1 000 μL）、微量核酸定量仪、离心管、PCR 管、离心管架、玻璃涂布棒、枪头等。

3. 培养基及试剂

（1）LB 培养基。

（2）预培养液　LB+0.5 mol/L 山梨醇。

（3）电转培养基　0.5 mol/L 山梨醇、0.5 mol/L 甘露醇、10% 葡萄糖。

（4）复苏培养基　LB+0.5 mol/L 山梨醇+0.38 mol/L 甘露醇。

（5）卡那霉素（Kan）　配成 5 mg/mL 水溶液，−20 ℃保存备用。

（6）枯草杆菌 168 基因组 DNA、壮观霉素抗性基因模板、PCR 反应各试剂、PCR 产物纯化试剂盒、Gibson assembly 试剂盒（备用）等。

五、实验步骤与方法

（一）同源重组模板的制备

①建立 PCR 反应体系：使用特异性引物（P1）amyE-up-fr 和（P2）amyE-up-rev，以枯草杆菌 168 基因组 DNA 为模板，PCR 扩增 amyE 上游序列（片段Ⅰ）；以质粒 pDG148-stu 为模板，使用特异性引物（P3）kmR-fr 和（P4）kmR-rev，扩增卡那霉素抗性基因序列（片段Ⅱ）；使用特异性引物（P5）amyE-dw-fr 和（P6）amyE-dw-rev，扩增 amyE 下游序列（片段Ⅲ）（引物序列如表 2-24-1 所示）。3 个反应体系总体均为 20 μL。

②分别扩增上述 3 个 DNA 片段：95 ℃，4 min；30 个循环（94 ℃，30 s；退火 30 s；72 ℃，30 s）；72 ℃，5min。

退火温度：片段Ⅰ，56.4 ℃；片段Ⅱ，53.4 ℃；片段Ⅲ，57.5 ℃。

表 2-24-1 重叠 PCR 引物序列

引物	序列（5′→3′）
（P1）amyE-up-fr	5′-GCGAACAAATCGAATGAGCTT-3′
（P2）amyE-up-rev	5′-CATTATTATTGGTCCATTCAC TGGCGGCATCAAATCGAAAA-3′
（P3）kmR-fr	5′-GTGAATGGACCAATAATAATG-3′
（P4）kmR-rev	5′-CTAGCGATTCCAGAAGTTTC-3′
（P5）amyE-dw-fr	5′-GAAACTTCTGGAATCGCTAG AGGTTCATCCTCTGTCTCTAT-3′
（P6）amyE-dw-rev	5′-GTCAGCGTGTAAATTCCGTCT-3′

注：阴影部分的序列为重叠区域。

◆注意事项

若所使用的引物熔解温度（T_m）值大约相同，且三段 PCR 产物长度类似，可使用相同的 PCR 反应程序。

③取扩增产物 2 μL，进行 0.7% 琼脂糖凝胶电泳，检查 PCR 产物质量。

④使用 PCR 产物纯化试剂盒，纯化回收各 PCR 产物。

⑤使用微量核酸定量仪确定回收的 PCR 产物的浓度，并将单位折算成 pmol/μL（若浓度过高，可适当稀释）。

⑥取 3 个 DNA 片段各 1 pmol 混合，作为模板，不加引物，建立新的 PCR 反应体系。

⑦重叠 PCR 扩增（step A）：95 ℃，5 min；12 个循环（94 ℃，30 s；56 ℃，30 s；72 ℃，3 min）；72 ℃，5 min。

⑧同步骤④，使用 PCR 产物纯化试剂盒纯化回收 PCR 产物，溶于 30 μL ddH₂O 中。

⑨取 10 μL 回收的 PCR 产物，作为模板，加入引物 P1 和 P6，建立 50 μL PCR 反应体系。

⑩重叠 PCR 扩增（step B）：95 ℃，5 min；30 个循环（94 ℃，30 s；58 ℃，30 s；72 ℃，2 min）；72 ℃，5 min。

⑪同步骤③，琼脂糖凝胶电泳，检查 PCR 产物。

⑫同步骤⑤，使用微量核酸定量仪确定回收的 PCR 产物的浓度，保存待用。

◆注意事项

最后一轮 PCR 扩增，亦可考虑使用额外的巢式 PCR 引物，特别是连接 3 个较长片段时（总长度＞5 kb），巢式 PCR 是非常必要的。

（二）枯草杆菌的转化

①接种枯草杆菌于 5 mL LB 液体培养基中，过夜培养。

②取 2.5 mL 过夜培养物接入 40 mL 预培养液中，37 ℃下 200 r/min 振荡培养至 OD_{600} 为 0.85～0.95。

③将菌液冰水浴 10 min，然后在 4 ℃下 5 000 r/min 离心 5 min，收集菌体。

④用 50 mL 预冷的电转培养基重悬菌体，在 4 ℃下 5 000 r/min 离心 5min，去上清，如此漂洗 4 次。

⑤将洗涤后的菌体重悬于 1 mL 电转培养基中，分装于离心管中，每管分装 60 μL。

⑥将 50 ng 质粒 DNA（1~8 μL）加到 60 μL 感受态细胞中，冰上孵育 2 min，加入预冷的电击杯（1 mm）中，2.0 kV 电击一次。

◆注意事项

电击结果：时间常数＝4.5~5.0 ms，如果时间常数＜4.2，则需要增加电转培养基的漂洗次数或者提高感受态的稀释倍数来获得更高的转化效率。

⑦电击完毕后，取出电击杯并立即加入 1 mL 复苏培养基，37 ℃下 200 r/min 振荡复苏培养 3 h。

⑧取适当体积（通常每个平板加 100~200 μL）菌液，均匀涂布于含有 5 μg/mL Kan 的 LB 平板上，37 ℃过夜培养，

（三）敲除株的鉴定

①培养 12 h 后，挑选 8~16 个菌落形态正常的转化子，用牙签转移至新的含有 100 μg/mL Spe 和 1% 可溶性淀粉的琼脂平板培养基。

②待转移到新平板的菌落生长至直径 2 mm 以上时，用牙签转移至含 10 μL ddH$_2$O 的 1.5 mL 离心管中，95 ℃加热 10 min，冰浴 5 min，12 000 r/min 离心 2 min。所得上清用作菌落 PCR 的模板。

③菌落 PCR 验证：使用引物 P1/P4 和 P3/P6 组合，反应程序参考同源重组模板的制备步骤②。

④取扩增产物 2 μL，进行 0.7% 琼脂糖凝胶电泳，检查 PCR 产物是否符合预期。

⑤观察 PCR 验证正确的菌落的周围，看淀粉水解圈是否消失。

◆注意事项

1. 未发生重组的细菌，其菌落太小时周围的水解圈并不明显，一般来说菌落直径长到 3 mm 以上，可以观察到明显的水解圈。

2. 菌落 PCR 的 DNA 模板制备时，用牙签刮取 2~3 mm 菌落的一半，转移至 10 μL ddH$_2$O 即可。若转移太多细菌，过多杂质会影响 PCR 反应效率。

六、实验结果与分析

1. 根据实验结果，计算转化重组的效率。
2. 分析本实验中感受态细胞制备的主要原理。

七、问题与思考

1. 如何确定 PCR 产物的质量？需要考虑哪些因素？如果质量不佳，该如何解决？
2. 比较本实验中感受态细胞的制备，与实验二十二中的方法有哪些异同？
3. 枯草杆菌的转化过程与大肠杆菌的有哪些不同？同源重组过程需要哪些酶参与？

第五章　应用微生物学实验

实验二十五　水体中细菌总数的测定和大肠菌群的检测

一、实验目的与要求

1. 了解和学习水体中细菌总数和大肠菌群的测定原理和测定意义。
2. 学习和掌握用稀释平板计数法测定水中细菌总数的方法。
3. 学习和掌握水体中大肠菌群的检测方法。

二、实验内容

1. 应用稀释平板计数法测定水体中的细菌总数。
2. 应用多管发酵法测定水体中大肠菌群数量。

三、实验原理

各种天然水中常含有一定数量的微生物。水中细菌总数往往同水体受有机污染程度呈正相关，因而是评价水质污染程度的重要指标之一。细菌总数是指 1 mL 或 1 g 检样中所含细菌菌落的总数，所用的方法是稀释平板计数法，由于计算的是平板上形成的菌落数（colony-forming unit，cfu），故其单位应是 cfu/g（cfu/mL）。它反映的是检样中活菌的数量。国家饮用水标准规定，饮用水中大肠菌群数每升中不超过 3 个，细菌总数每毫升中不超过 100 个。

稀释培养计数法又称最大或然数（most probable number，MPN）法，是将待测样品做一系列稀释，直到该稀释液的少量接种到新鲜培养基中没有或极少出现生长繁殖。根据没有生物的最低稀释度与出现生长的最高稀释度，再用最大或然数理论，计算出样品单位体积中细菌数的近似值。

四、实验材料

1. 用具　三角瓶、培养皿、试管、显微镜、小指管、接种环、移液器等。

2. 培养基

（1）牛肉膏蛋白胨培养基　蛋白胨 10 g、牛肉膏 3 g、琼脂 20 g，加水定容至 1 000 mL，pH 7.2。121 ℃灭菌 20 min。

（2）乳糖胆盐蛋白胨培养基　蛋白胨 20 g、猪胆盐（或牛、羊胆盐）5 g、乳糖 10 g、0.04％溴甲酚紫水溶液 25 mL，加水定容至 1 000 mL，pH7.4。将蛋白胨、胆盐和乳糖溶于水中，校正 pH，加入指示剂，分装，每管 10 mL，并倒置放入一个杜氏小管，注意小管中应充满液体，不能有气泡。115 ℃灭菌 15 min。

（3）3 倍浓缩乳糖蛋白胨培养基　成分同乳糖蛋白胨培养基，浓缩 3 倍，每管 5 mL（内有盛满液体且无气泡的杜氏小管）。

（4）伊红亚甲蓝固体培养基　蛋白胨 10 g、乳糖 10 g、K_2HPO_4 2 g、琼脂 20 g、2％伊红水溶液 20 mL、0.5％亚甲蓝水溶液 13 mL。先配制除伊红和亚甲蓝以外的固体培养基，115 ℃灭菌 20 min，趁热加入分别灭菌的伊红和亚甲蓝，充分混匀后倒平板备用。

（5）乳糖发酵管　除不加胆盐外，其余同乳糖胆盐蛋白胨培养基。

五、实验步骤与方法

1. 水样的采集　在池塘、河流、湖泊等距岸边 5 m 处，取距水面 10～15 cm 的深层水样，先将灭菌的具塞三角瓶，瓶口向下浸入水中，然后翻转过来，除去玻璃塞，水即流入瓶中，盛满后，将瓶塞盖好，再从水中取出。如果不能在 2 h 内检测的，需在 4 ℃冰箱中保存。

2. 细菌总数的测定　配制牛肉膏蛋白胨培养基，倒平板。按无菌操作法，将水样稀释成 10^{-1}、10^{-2}、10^{-3}稀释液，移取 0.1 mL 稀释液于灭菌平皿内（如细菌污染严重，可取更高的稀释度），每个稀释度 3 个重复。用涂布棒涂布均匀，置 37 ℃倒置培养。取菌落数量在 30～300 个的稀释度，统计 3 个平板上长出的菌落数，按下式计算菌落总数。

菌落总数／（cfu/mL）＝同一稀释度平板上的菌落平均数×10×稀释倍数

3. 大肠菌群的测定（多管发酵法）

（1）初发酵试验　在三倍浓缩乳糖蛋白胨培养基中加入稀释度为 10^{-1}、10^{-2}、10^{-3}的被检样品 10 mL（如大肠菌群超出检测限，则可取更高的稀释度），每个稀释度 5 个重复，混匀置 37 ℃培养 24 h。

（2）平板分离　培养 24 h 后如不产酸（乳糖发酵液变黄色）产气（小管底部有气泡）和不变混浊者为阴性反应，产酸产气或仅产酸的乳糖发酵管为阳性反应，将阳性反应划线接种于伊红亚甲蓝平板上，37 ℃培养 24 h。

在伊红亚甲蓝平板上大肠菌群的典型菌落为深紫黑色，具有金属光泽；或者紫黑色，不带或略带金属；或者淡紫红色，中心较深的菌落。将带有上述典型特征的菌落做革兰氏染色镜检。

（3）复发酵试验　将上述革兰氏染色镜检为阴性的大肠菌群的菌落接种到乳糖蛋白胨培养基中，37 ℃培养 24 h，如仍为产酸产气者为大肠菌群阳性。

六、实验结果与分析

1. 根据 3 个稀释度中的阳性管数组成数量指标，查附录六获得样品中大肠菌群的数量。
2. 分析水体样品被污染的程度。

七、问题与思考

1. 在进行水样中大肠杆菌群数的测定时，为什么要进行复发酵试验？
2. 典型的大肠杆菌群菌落特征是什么？

实验二十六　甜米酒的发酵

一、实验目的与要求

1. 熟悉甜酒酿的制作技术
2. 了解淀粉在糖化菌和酵母菌的作用下制成甜酒酿的过程

二、实验内容

利用糯米制作甜酒酿。

三、实验原理

甜酒酿简称酒酿，由优质大米（糯米）经小曲中的根霉和酵母的糖化和发酵制成，是我国民间广泛食用的一种高糖、低酒精含量的发酵食品。小曲又称白药，传统的制法是用早籼糙米粉加辣蓼草和适量水后经自然发酵和干燥而成，一般制成球状或方块状，白色，有香味，内含丰富的根霉（*Rhizopus* sp.）、毛霉（*Mucor* sp.）和野生酵母等天然发酵菌群。目前市场上出售的"浓缩甜酒药"，实为用纯种根霉经过液体培养后的菌丝体干粉，由它配制的甜酒酿一般甜味甚浓而酒味不足。

甜酒酿的发酵过程包括两个阶段：糖化阶段和酒精发酵阶段。其原理如下：

$$\text{淀粉} \xrightarrow[\text{根霉}]{\text{水解}} \text{葡萄糖} \xrightarrow[\text{酵母}]{\text{糖酵解（部分）}} \text{酒精}$$

甜酒酿的制作方法是：糯米用水浸透后蒸煮、冷却→接种小曲粉并搅匀→装入洁净容器后压实→25 ℃下培养 3～5 d。若对甜酒酿进行过滤、压榨，还可得到低醇度的营养甜酒，俗称"老白酒"。一般优质的甜酒酿要求甜味浓郁、酒味清淡、香味宜人、固液分明。

四、实验材料

种曲、市售"甜酒药""白药"等小曲或"浓缩甜酒药"（沪产根霉菌丝粉）、优质糯米、铝制小饭盒、培养皿、吸管、试管、接种环、研钵等。

五、实验步骤与方法

1. 选米　选择优质糯米作发酵原料。

◆注意事项

选择的糯米必须是优质的，待它吸足水分后再隔水蒸煮熟透，使米饭粒既粒粒饱满又易于散开，从而可使拌种均匀，有利于空气及液体流动，并使酒醅成熟度一致。

2. 浸米　糯米用清水淘净后浸泡 12～24 h，沥干。

3. 蒸饭　将滤干水分的糯米，扎紧纱布口后放入灭菌锅，于 115～121 ℃灭菌 20～25 min，到米饭熟透为止。

4. 淋饭　加少许冷开水淋洗糯米饭，边淋边拌，使米饭迅速冷却至 35 ℃左右。淋饭时，要边拌边淋，使米饭外硬内软，疏松易散，均匀一致。

5. 拌酒药 按干糯米的质量换算接种量（0.35％），将酒药均匀地撒在冷却的糯米饭中（稍微留下一点点酒药最后用），拌匀。

6. 搭窝 将拌好酒药的米饭装入容器后（不能压太紧），将饭粒搭成中心下陷的凹窝（中间低、周围高）；饭面和凹窝中均匀撒上少许酒药，倒入少量的冷开水，盖上盖子或保鲜膜。

◆**注意事项**

陶瓷碗事先应洗净和开水淋泡，不能沾生水和油，以防杂菌污染。操作者的手和指甲尤应认真清洗。

7. 保温发酵 在 28 ℃温箱中先培养 2 d 左右。第一天，可在米饭表面见到纵横交错的大量菌丝体延伸，接着可见米饭的黏度逐渐下降，糖化液慢慢溢出；第二天，菌丝体生长与发酵继续进行。这时若发现米醅较干，可适当补加凉开水。

8. 后熟发酵 酿造 2 d 后的酒酿已初步成熟，但口味不佳（酸涩，甜味和酒香味较差），因此必须在 8～10 ℃较低温度下放置数天，进行后发酵，以减少酸味，提高糖度和酒香味。

9. 质量评估 优质的甜酒酿应是色泽洁白、米粒分明、酒香浓郁、醪体充盈、甜醇爽口的发酵食品。

六、实验结果与分析

将实验结果填入表 2-26-1。

表 2-26-1 甜米酒质量评估

项目	色泽	米粒清晰度	醪液量	甜度	酸度	酒味	其他	结论
结果								

注：除色泽外，其他指标可以用 1～5 个"＋"表示。

七、问题与思考

1. 为什么天然小曲（白药）可作甜酒酿制作中的菌种？

2. 为何用天然小曲制作的甜酒酿其甜味和酒味都很浓郁，而用"浓缩甜酒药"制作的则甜味浓而酒味淡，有什么方法可提高后者的酒味？

3. 制作甜酒酿的关键是什么？为什么要经过"淋饭"过程才接种？

4. 酒酿保温时间稍长后，表面会产生许多白色菌丝及黑点，是否意味着染菌？

实验二十七　豆科植物根瘤的观察和根瘤菌分离

一、实验目的与要求

1. 学习根瘤的采集和掌握常用的分离根瘤菌的方法与技术。

2. 掌握鉴定根瘤菌宿主特异性的实验方法。

二、实验内容

1. 野外采集不同豆科植物的根系。
2. 实验室内观察豆科植物根部根瘤的形态特征。
3. 显微镜下观察根瘤切面中类菌体组织的形态。
4. 分离根瘤菌的植物回接实验。

三、实验原理

根瘤菌与豆科植物的共生是生物固氮体系中作用最强的体系，据估计其固定的氮约占生物固氮总量的 65%。紫云英与根瘤菌的固氮是一种共生固氮，其根瘤菌是共生固氮菌。现有研究表明，能与豆科植物结瘤的细菌均为革兰氏阴性菌（G⁻），它的分类阶元为细菌域（Bacteria）变形杆菌门（Proteobacteria）。到目前为止，根瘤菌属已由 1984 年以前的 2 属 4 种（Jordan）发展到约 17 个属，种类近 100 种，可划分为 3 个纲：α-变形菌纲、β-变形菌纲和 γ-变形菌纲，其中 α-变形菌纲（Alphaproteobacteria）14 个属，β-变形菌纲（Betaproteobacteria）2 个属，γ-变形菌纲（Gammaproteobacteria）1 个属（表 2-27-1）。

表 2-27-1　豆科植物根瘤菌的分类

类别	属	分类情况
α-变形菌纲（Alphaproteobacteria）	14	根瘤菌属（*Rhizobium*）、中华根瘤菌属（*Sinorhizobium*）、剑菌属（*Ensifer*）、申氏杆菌属（*Shinella*）、新根瘤菌属（*Neorhizobium*）、伴根瘤菌属（*Pararhizobium*）、中慢生根瘤菌属（*Mesorhizobium*）、慢生根瘤菌属（*Bradyrhizobium*）、叶瘤杆菌属（*Phyllobacterium*）、甲基杆菌属（*Methylobacterium*）、微枝形杆菌属（*Microvirga*）、苍白杆菌属（*Ochobactrum*）、固氮根瘤菌属（*Azorhizobium*）、德沃斯氏菌属（*Devosia*）
β-变形菌纲（Betaproteobacteria）	2	伯克氏菌属（*Burkholderia*）、贪铜菌属（*Cupriavidus*，原青枯菌属）
γ-变形菌纲（Gammaproteobacteria）	1	假单胞菌属（*Pseudomonas*）

根瘤形态常见圆形、椭圆形、鸡冠形、生姜形等。通常情况下，固氮能力强的根瘤称有效根瘤，外观呈粉红色，用刀片将瘤体切开，可见有粉红色浆液，在显微镜下可观察到根瘤菌在根瘤中所特有的类菌体组织，多呈现"Y"状、"X"状、棒杆状或椭圆状，其中有效根瘤菌的红色即是由类菌体中的豆血红蛋白的粉红色色素形成的。不能固氮或固氮极少，对宿主的生长只是寄生关系的根瘤称无效根瘤，其表面色青，切开无粉红色浆液。在分离筛选优良菌种时，鉴别有效根瘤与无效根瘤极为重要。

四、实验材料

1. 用具　摇床、培养箱、铲子、豆科植物种子、信封、一次性杯子、手术剪刀、培养皿、镊子、接种环等。

2. 试剂 灭菌 ddH_2O、95％乙醇、0.1％ $HgCl_2$（升汞）等。

3. 培养基

（1）YMA 固体培养基 甘露醇 10.0 g、酵母粉 0.4 g、$MgSO_4 \cdot 7H_2O$ 0.2 g、K_2HPO_4 0.5 g、NaCl 0.2 g、$CaCO_3$ 3.0 g、琼脂 15.0 g、Rh 微量元素液 1.0 mL、H_2O 1 000 mL，pH 7.2。分析纯化时，去掉 $CaCO_3$，加入 0.4％刚果红溶液 10 mL。由于根瘤菌菌落不易吸收色素，而非根瘤菌易吸收刚果红而呈红色菌落，可鉴别杂菌。

Rh 微量元素液：H_3BO_3 2.86 g、$MnSO_4$ 1.81 g、$ZnSO_4$ 0.22 g、$CuSO_4$ 0.80 g、H_2MoO_2 0.02 g，加蒸馏水至 1 000 mL。

（2）YMA 液体培养基 蔗糖 10.0 g、酵母粉 1.0 g、$MgSO_4 \cdot 7H_2O$ 0.2 g、K_2HPO_4 0.5 g、NaCl 0.1 g、$CaCl_2$ 0.05 g、Rh 微量元素液 4.0 mL、H_2O 1 000 mL，pH 6.8～7.0。

（3）无氮营养液（Fahraeus） $Na_2HPO_4 \cdot 2H_2O$ 0.15 g、$CaCl_2 \cdot 2H_2O$ 0.1 g、$MgSO_4 \cdot 7H_2O$ 0.12 g、KH_2PO_4 0.1 g、柠檬酸铁 5 mg、Rh 微量元素液 1 mL，加蒸馏水至 1 000 mL。

五、实验步骤与方法

（一）根瘤的采集

①寻找野外或田间豆科植物植株，用铲子尽量挖取较多的根圈土壤。

②将豆科植物采集株根系放入水中，用手小心解开缠绕部分，除去根系土壤。

③记录根瘤的大小、形状及着生部位等形态特征。

（二）根瘤的表面灭菌

①取经水冲洗干净的豆科植物根系，选择根部上发育健壮、饱满的粉色根瘤 1 或 2 个，用手术剪刀或锋利刀具将根瘤从根系中剪下，勿破坏瘤体表面组织。

②将根瘤放入盛有 95％乙醇的培养皿中，浸泡 5 min，以排除根瘤表面的气泡，以利后续表面灭菌。

③倒去以上乙醇溶液，加入 0.1％升汞，确保没过根瘤，浸泡 1 min。

◆**注意事项**

升汞有毒性，使用时勿沾到人体皮肤。

④取出灭菌根瘤，放入无菌培养皿中，按无菌操作倒入适量无菌水，轻轻振荡后，微启皿盖从培养皿缝隙中倒掉洗涤水，再加入无菌水洗涤，如此反复五六次，洗净残留药剂。

（三）根瘤组织内的细菌分离

①用无菌镊子把根瘤夹破，用破开面在 YMA 平板中划线分离。

②28 ℃培养 2～4 d 后，取出平板观察根瘤菌分离菌生长情况。

③取分离平板中菌落，进行二次划线分离，得到根瘤菌纯系。

④取纯系单菌落，涂片，固定，进行革兰氏染色，镜检观察根瘤菌细胞形态及革兰氏染色结果。

（四）分离根瘤菌的植物回接实验

①将适量植物种子倒入无菌三角瓶中，加入 95％乙醇浸泡 5 min，倒去乙醇溶液，加入 0.1％升汞，浸泡 1 min。用无菌水洗种子 5～6 次，并同时振摇。

②将种子在无菌水中浸泡 6 h 后，铺于无菌培养皿中。正置（较大种子）或倒置（较小种子）于 28 ℃下避光催芽。

③将发芽种子浸泡于 $1.0×10^6$ cfu/mL 相应根瘤菌菌液中，浸泡 20 min。

④将于 126 ℃灭菌 1.0～1.5 h 的珍珠岩或蛭石，加入无菌无氮营养液。装入至一次性塑料杯中。

⑤无菌镊子夹取蘸有相应菌液的种子种植于无菌蛭石中，每杯 3 个植株，计 3 杯。

⑥种植同样处理的不蘸菌种子，作为阴性对照。置于光照培养箱中培养，培养箱维持在白天 8 h/28 ℃和晚上 16 h/16 ℃的循环。

⑦播种 15～30 d 后，拆盆观察植物根部结瘤情况。检查时，小心拔取植株，不要损伤根系，将根系洗净，并同时拆取对照组，确保其未出现结瘤情况。

◆注意事项

1. 根瘤菌回接实验中，应严格对实验材料进行灭菌，并防止交叉污染，确保未接种对照植株不发生结瘤。

2. 在植株生长期间，最佳培养条件为自然光照射。若在人工温室内培养，避免使用单一节能灯光源，确保光源有不同类型光源照射，否则影响植株的结瘤发生。

六、结果与分析

1. 描述所分离的根瘤的形态、大小、生长部位等特征。

2. 描述根瘤菌的菌落形态、细胞个体形态及革兰氏染色结果。

3. 有效根瘤与无效根瘤破面颜色的差别是由什么原因导致？

4. 做分离根瘤菌的回接实验时，其注意事项是什么？

七、问题与思考

1. 在植物根系存在的根瘤菌是如何进入植物体内进而引起结瘤的发生的？需要哪些特定基因的参与？

2. 根瘤菌现今分类系统中包括有哪些具体的种属类别。

实验二十八　食用菌组织分离技术和原种、栽培种的制作

一、实验目的与要求

1. 掌握大型真菌的组织分离基本原理和方法。
2. 掌握食用菌的原种栽培种的制作方法。

二、实验内容

1. 杏鲍菇的组织分离。
2. 杏鲍菇原种栽培种的制作方法。

三、实验原理

组织分离技术是选择菇体的部分组织进行繁殖母种的方法。从理论上讲，所获菌种不发生遗传重组等变异，因此常被生产上采用。该方法简单便捷，繁育后代不易发生变异，能保持原菌株的优良特性。组织分离最好以正处于旺盛生长中的幼嫩子实体或菇蕾作为分离材料，采取菌盖与菌柄交接处的组织进行分离。另外，对于那些具有内或外菌幕保护的菇类来说，取在菌幕保护下的幼嫩菌褶接种，生活力更加旺盛。对于某些菌根真菌，则取用靠近基部的菌柄组织才能成活。常用的方法包括子实体分离、菌核分离、菌索分离等。

在食用菌生产过程中，菌种制作通常分为三级，即母种（亦称试管种或一级种）、原种（二级种，由试管种扩大而来）、栽培种（亦称三级种或生产种，由原种移植到固体或液体培养基上扩大繁殖的菌丝体）。母种菌丝生长在试管的斜面上，所以又称为试管种或斜面种。由于长期传代会引起菌种退化，所以为了保证质量，母种的转接扩繁一般不超过3代。另外，对于长期保藏的菌种，复壮后需进行出菇试验，生产性状优良的菌种才可以用于生产或销售。

四、实验材料

1. 菌种 母种菌种（杏鲍菇等）

2. 用具 超净工作台、高压灭菌锅、台秤、铲子、聚丙烯栽培袋、口环、封口膜、高压橡皮圈、酒精棉瓶、长柄镊子、接种具（钩、锄）、酒精灯、火柴、垫架、标签、笔等。

3. 试剂 棉籽壳、玉米芯、玉米粉、石膏粉、蔗糖、75%乙醇等。

五、实验步骤与方法

（一）组织分离

1. 种菇选择 选择外观典型、中等大小、菌肉肥厚、无病虫害、七八分成熟（未开伞）的菇作种菇。

2. 种菇消毒 切取菇体基部，放入已消毒灭菌好的超净工作台上。用75%乙醇棉球对菇体进行表面消毒后再用无菌水冲洗2～3次，然后用无菌纱布或滤纸吸干菇体表面水分。

3. 组织块接种 用灭菌后的解剖刀或手将消毒后的菇从中间切开或掰开为两半，用无菌镊子夹取菇柄与菇盖交接处绿豆大小的菌肉组织一块，接在斜面培养基的中央。

4. 菌种培养 将接种后的斜面培养基放在25 ℃下培养，经过7～15 d，菌丝即可长满斜面。培养期间要经常检查，及时捡出污染试管。

（二）原种与栽培种的制备

1. 原种与栽培种的培养基配制 工艺流程如下：配料→装袋（或装瓶）→高压灭菌→冷却→接种。

2. 原种与栽培种的接种操作技术 工艺流程如下：超净工作台消毒→器械消毒→无菌接种→菌丝培养。

3. 培养料常用配方

配方1：棉籽壳78%、麦麸20%、石膏1%、蔗糖1%。

配方2：锯木屑78%、麦麸或米糠20%、石膏1%、蔗糖1%。

4. 原种、栽培种制作

（1）拌料　蔗糖先用水化开，然后与干料等拌和均匀，边加水边搅拌。拌好料后，用手抓一把培养料，捏在手中紧握，手指缝中有水渗出但以水不往下滴为适，此时含水量为65%～70%。

（2）装袋　将拌好的培养料装入原种瓶或塑料袋中，边装边用小木棒压实（但不得过紧），一直装到瓶（袋）肩处。培养基中间用锥形木棒打一孔，以利菌丝蔓延。

（3）擦瓶　将瓶（袋）口和瓶（袋）外黏附的培养料擦掉，用封口膜包住袋口或用棉塞塞住瓶口，用高压橡皮圈或线绳将袋口或瓶口扎好，准备灭菌。

（4）灭菌　原种和栽培种容量大，固体原料较多，灭菌时间要适当延长。灭菌条件：0.14 MPa，123 ℃，至少 2 h。

（5）接种　接种前工作与母种转接相同。接种时，挑取母种菌培养基一小块，置于原种或栽培种培养基中央孔，随即封口。

（6）菌丝培养　接种后的原种，置于 25 ℃的培养室培养。3～5 d 后菌丝即可恢复生长，5～7 d 菌丝开始伸入培养基内。当菌丝长满瓶（袋）后，即可直接分移栽培种，栽培种菌丝长满瓶（袋）后，需要养菌 1～2 周，以增加菌丝量及增强菌丝活力，再用于生产，还可直接出菇。

六、实验结果与分析

1. 观察并记录进行组织分离的组织块的菌丝萌发和污染情况。
2. 观察并记录原种菌丝体的萌发和污染情况。

七、问题与思考

1. 原种与母种在制备过程中的差异有哪些？
2. 单孢分离作为一种常用的食用菌菌种选育的重要方法，与组织分离技术的差异有哪些？
3. 可以用于制作原种和栽培种的菌种有哪些？
4. 环境条件对原种和栽培种的影响有哪些？

附 录

附录一 常用染色液的配制

（一）吕氏（Löffler）碱性亚甲蓝染色液

溶液 A：亚甲蓝（methylene blue）0.6 g、95％乙醇 30 mL。

溶液 B：KOH 0.01 、蒸馏水 100 mL。

分别配制溶液 A 和 B，配好后混合即可。

（二）齐氏（Ziehl）石炭酸复红染色液

溶液 A：碱性复红（basic fuchsin）0.3 g、95％乙醇 10 mL。

溶液 B：石炭酸 5.0 g、蒸馏水 95 mL。

将碱性复红在研磨后，逐渐加入 95％乙醇，继续研磨使其溶解，配成溶液 A。将石炭酸溶解于水中，配成溶液 B。混合溶液 A 和溶液 B，摇匀过滤。通常可将此混合液稀释 5～10 倍使用，稀释液易变质失效，一次不宜多配，随配随用。

（三）革兰氏（Gram）染色液

1. 草酸铵结晶紫染色液

溶液 A：结晶紫（crystal violet）2 g、95％乙醇 20 mL。

溶液 B：草酸铵（ammonium oxalate）0.8 g、蒸馏水 95 mL。

混合溶液 A 和 B，静置 48 h 过滤后使用。

2. 卢哥氏（Lugol）碘液 碘片 1.0 g、碘化钾 2.0 g、蒸馏水 300 mL。

先将碘化钾溶解在少量水中，再将碘片溶解在碘化钾溶液中，待碘全溶后，加足水分即成。储存于棕色瓶中，如颜色变浅，则弃用。

3. 沙黄复染液 沙黄（safranine O）2.5 g、95％乙醇 100 mL。

取上述配好的沙黄乙醇溶液 10 mL 与 90 mL 蒸馏水混匀即成。

（四）芽孢染色液

1. 5％孔雀绿染色液 孔雀绿（malachite green）5 g、蒸馏水 100 mL。

2. 沙黄水溶液 沙黄 0.5 g、蒸馏水 100 mL。

（五）荚膜染色液

1. 黑色素水溶液 黑色素（melanin）5 g、蒸馏水 100 mL、福尔马林（40％甲醛）、0.5 mL。

将黑色素在蒸馏水中煮沸 5 min，然后加入福尔马林作防腐剂。

2. 沙黄染色液 与革兰氏染液相同。

（六）银染法鞭毛染色液

溶液 A：单宁酸 5 g、$FeCl_3$ 1.5 g、蒸馏水 100 mL、15％福尔马林 2.0 mL、1％ NaOH 1.0 mL。

配好后，当日使用，次日效果差，第三日则不好使用。

溶液 B：$AgNO_3$ 2 g、蒸馏水 100 mL。

待 $AgNO_3$ 溶解后，取出 10 mL 备用，向其余的 90 mL $AgNO_3$ 中滴入浓 NH_4OH，使之成为很浓厚的悬浮液，再继续滴加 NH_4OH，直到新形成的沉淀又重新刚刚溶解为止。再将备用的 10 mL $AgNO_3$ 慢慢滴入，则出现薄雾，但轻轻摇动后，薄雾状沉淀消失，再滴加 $AgNO_3$ 溶液，直到摇动后仍呈现轻微而稳定的薄雾状沉淀为止。若所呈雾不重，此染剂可使用一周；若雾重，则银盐沉淀出，不宜使用。

（七）乳酸石炭酸棉蓝染色液（观察霉菌形态）

石炭酸 10 g、乳酸（相对密度 1.21）10 mL、甘油 20 mL、蒸馏水 10 mL、棉蓝（cotton blue）0.02 g。

将石炭酸加在蒸馏水中加热溶解，然后加入乳酸和甘油，最后加入棉蓝，使其溶解即成。

（八）孚尔根核染色液

1. 席夫（Schiff）试剂　将 1 g 碱性复红加入 200 mL 煮沸的蒸馏水中，振荡 5 min，冷至 50 ℃ 左右过滤，加入 1 mol/L HCl 20 mL，摇匀。冷至 25 ℃，加 $Na_2S_2O_5$（偏重亚硫酸钠）3 g，摇匀后装在棕色瓶中，用黑纸包好，放置暗处过夜，此时试剂应为淡黄色（如为粉红色则不能用），再加中性活性炭过滤，其滤液振荡 1 min 后，再过滤，滤液置冷暗处备用（注意：过滤需在闭光条件下进行）。

在整个操作过程中所用的一切器皿都需十分洁净、干燥以消除还原性物质。

2. Schandium 固定液

溶液 A（饱和升汞水溶液）：50 mL 升汞水溶液、95％乙醇、25 mL，混匀。

溶液 B：冰醋酸。

取溶液 A 9 mL＋溶液 B 1 mL，混匀后加热至 60 ℃。

3. 亚硫酸水溶液　10％偏重亚硫酸钠水溶液 5 mL、1 mol/L HCl 5 mL，加蒸馏水 100 mL 混合即得。

（九）Bouin 固定液

苦味酸饱和水溶液 75 mL、福尔马林（40％甲醛）25 mL、冰醋酸 5 mL。

苦味酸饱和液：1 g 苦味酸固体溶解在 75 mL 蒸馏水中。

先将苦味酸溶解成水溶液，然后再加入福尔马林和冰醋酸摇匀即成。

（十）瑞氏（Wright）染色液

瑞氏染料粉末 0.3 g、甘油 3 mL、甲醇 97 mL。

将染料粉末置于干燥的乳钵内研磨，先加甘油，后加甲醇，放玻璃瓶中过夜，过滤即可。

（十一）P-M 染色液

溶液 A：5％焦宁水溶液 15.5 mL、2％甲基绿水溶液 10.0 mL（先用氯仿清除甲基紫等杂质，至分液漏斗中氯仿不发紫）、蒸馏水、250 mL。

溶液 B：0.2 mol/L 醋酸缓冲液，pH4.8。

P-M 工作液：溶液 A 和溶液 B 等体积混合。工作液在使用前配制，使用期不超过一周。

（十二）氨基黑染色液

氨基黑 0.1 g、100％甲醇 50 mL、蒸馏水 20 mL、冰醋酸 30 mL。

染色液于使用前配制。

（十三）2％磷钨酸钠水溶液

2％磷钨酸钠，用双蒸水配制，使用前用 1 mol/L KOH 调节 pH 至 6.7～7.2。

附录二 微生物学实验室常用试剂配制

（一）二苯胺试剂（diphenylamine reagent）

二苯胺（纯）0.5 g、浓硫酸（纯）100 mL、蒸馏水 20 g。

徐徐将硫酸加入水中并不停地搅拌，然后加入二苯胺，搅动至全部溶解为止并保存在棕色瓶中。

（二）格利斯（Griess）试剂（测亚硝酸）

溶液 A：对氨基苯磺酸 0.5 g、30％醋酸溶液 150 mL。

溶液 B：α-萘胺 0.5 g、30％醋酸溶液 150 mL、蒸馏水 20 mL。

将对氨基苯磺酸加入稀醋酸中，将 α-萘胺加入热蒸馏水中，再缓缓加入稀醋酸中，分别储存于棕色小瓶中。使用前溶液 A 和溶液 B 等量混合。

（三）奈氏（Nessler）试剂

溶 50 g KI 于少量蒸馏水中，加入 HgI_2 至饱和溶液，至稍有沉淀发生为度，再加 50％ KOH 溶液 400 mL，用蒸馏水稀释到 1 000 mL，静置一周后，将上部清液吸入棕色瓶中备用。

（四）醋酸铅溶液

醋酸铅 10 g、蒸馏水 100 mL。

将滤纸浸入 10％醋酸铅溶液，即制成醋酸铅液试纸，可用于测定 H_2S 的产生。

（五）亚甲蓝试剂（测氧化还原电势）

将 0.006 mol/L NaOH、0.015％亚甲蓝溶液和 6％葡萄糖液等三种溶液等量混合，加热至亚甲蓝褪色，迅速放入厌氧罐中。

（六）乙醇与醚混合液（涂片脱脂）

取纯乙醇和醚 1∶1 等量混合后，于棕色滴瓶中待用。

（七）酸性乙醇（acid alcohol）

37％盐酸（CP）30 mL、95％乙醇 970 mL。

溶解盐酸于足量乙醇中，加乙醇至 1 000 mL。

（八）乳酚溶液（lactophenol）

石炭酸（CP 晶粒）20 mL、乳酸（CP）20 mL、甘油（CP）40 mL、蒸馏水 40 mL。

混合各成分后，于棕色瓶中。

（九）升汞溶液（1∶1 000）

氯化汞（CP）1 g、浓盐酸 2 mL、蒸馏水 1 000 mL。

将氯化汞溶于 2 mL 浓盐酸中，再加入 1 000 mL 蒸馏水中即成。

（十）氢氧化钠溶液

氢氧化钠（CP）40 g、蒸馏水 1 000 mL。

将氢氧化钠溶于足量的蒸馏水中，然后继续加至 1 000 mL，存在橡皮塞的瓶中。

（十一）5％石炭酸溶液

石炭酸（CP）50 g、蒸馏水 1 000 mL。

溶解石炭酸于足量蒸馏水中，继续加水至 1 000 mL。

（十二）洗液（cleaning solution）

重铬酸钾（粗）40 g、自来水 160 mL、浓硫酸（粗）800 mL。

将重铬酸钾溶解于自来水中（可加热），再将浓硫酸缓缓加入重铬酸钾液中，并不断用玻璃棒搅拌。

（十三）吲哚试剂

对二甲基氨基苯甲醛 2 g、95％乙醇 190 mL、浓盐酸 40 mL。

（十四）V. P. 试剂

硫酸铜 1 g、蒸馏水 10 mL、浓氨水 40 mL、10％NaOH 950 mL。

先将硫酸铜溶于水中，然后加入浓氨水，最后加入 10％NaOH。

附录三 微生物学实验室常用缓冲体系

（一）甘氨酸-盐酸缓冲液 （0.05 mol/L）

X mL 0.2 mol/L 甘氨酸＋Y mL 0.2 mol/L HCl，再加水稀释至 200 mL。

pH	X/mL	Y/mL	pH	X/mL	Y/mL
2.2	50	44.0	3.0	50	11.4
2.4	50	32.4	3.2	50	8.2
2.6	50	24.2	3.4	50	6.4
2.8	50	16.8	3.6	50	5.0

注：甘氨酸相对分子质量＝75.07，0.2 mol/L 溶液为 15.01 g/L。

（二）邻苯二甲酸-盐酸缓冲液 （0.05 mol/L）

X mL 0.2 mol/L 邻苯二甲酸氢钾＋Y mL 0.2 mol/L HCl，再加水稀释至 20mL。

pH (20 ℃)	X/mL	Y/mL	pH (20 ℃)	X/mL	Y/mL
2.2	5	4.070	3.2	5	1.470
2.4	5	3.960	3.4	5	0.990
2.6	5	3.295	2.6	5	0.597
2.8	5	2.642	3.8	5	0.263
3.0	5	2.032			

注：邻苯二甲酸氢钾相对分子质量＝204.23，0.2 mol/L 溶液为 40.85 g/L。

（三）磷酸氢二钠-柠檬酸缓冲液

pH	0.2 mol/L Na_2HPO_4/mL	0.1 mol/L 柠檬酸/mL	pH	0.2 mol/L Na_2HPO_4/mL	0.1 mol/L 柠檬酸/mL
2.2	0.40	19.60	5.2	10.72	9.28
2.4	1.24	18.76	5.4	11.15	8.85
2.6	2.18	17.82	5.6	11.60	8.40
2.8	3.17	16.83	5.8	12.09	7.91
3.0	4.11	15.89	6.0	12.63	7.37
3.2	4.94	15.06	6.2	13.22	6.78
3.4	5.70	14.30	6.4	13.85	6.15
3.6	6.44	13.56	6.6	14.55	5.45
3.8	7.10	12.90	6.8	15.45	4.55
4.0	7.71	12.29	7.0	16.47	3.53
4.2	8.28	11.72	7.2	17.39	2.61
4.4	8.82	11.18	7.4	18.17	1.83
4.6	9.35	10.65	7.6	18.73	1.27
4.8	9.86	10.14	7.8	19.15	0.85
5.0	10.30	9.70	8.0	19.45	0.55

注：Na_2HPO_4相对分子质量＝141.98，0.2 mol/L 溶液为 28.40 g/L。$Na_2HPO_4 \cdot 2H_2O$ 相对分子质量＝178.05，

0.2 mol/L溶液为35.61 g/L。$Na_2HPO_4 \cdot 12H_2O$ 相对分子质量＝358.22，0.2 mol/L溶液为71.64 g/L。一水柠檬酸相对分子质量＝210.14，0.1 mol/L溶液为21.01 g/L。

（四）柠檬酸-氢氧化钠-盐酸缓冲液

pH	钠离子浓度/（mol/L）	柠檬酸/g	氢氧化钠/g	浓盐酸/mL	最终体积/L
2.2	0.20	210	84	160	10
3.1	0.20	210	83	116	10
3.3	0.20	210	83	106	10
4.3	0.20	210	83	45	10
5.3	0.35	245	144	68	10
5.8	0.45	285	186	105	10
6.5	0.38	266	156	126	10

注：使用时可以每升中加入 1 g 酚，若最后 pH 有变化，再用少量50％氢氧化钠溶液或浓盐酸调节，冰箱保存。

（五）柠檬酸-柠檬酸钠缓冲液（0.1 mol/L）

pH	0.1 mol/L 柠檬酸/mL	0.1 mol/L 柠檬酸钠/mL	pH	0.1 mol/L 柠檬酸/mL	0.1 mol/L 柠檬酸钠/mL
3.0	18.6	1.4	5.0	8.2	11.8
3.2	17.2	2.8	5.2	7.3	12.7
3.4	16.0	4.0	5.4	6.4	13.6
3.6	14.9	5.1	5.6	5.5	14.5
3.8	14.0	6.0	5.8	4.7	15.3
4.0	13.1	6.9	6.0	3.8	16.2
4.2	12.3	7.7	6.2	2.8	17.2
4.4	11.4	8.6	6.4	2.0	18.0
4.6	10.3	9.7	6.6	1.4	18.6
4.8	9.2	10.8			

注：一水柠檬酸相对分子质量＝210.14，0.1 mol/L 溶液为21.01 g/L。二水柠檬酸钠相对分子质量＝294.12，0.1 mol/L 溶液为29.41 g/L。

（六）醋酸-醋酸钠缓冲液 （0.2 mol/L）

pH (18 ℃)	0.2 mol/L 醋酸钠/mL	0.2 mol/L 冰醋酸/mL	pH (18 ℃)	0.2 mol/L 醋酸钠/mL	0.2 mol/L 冰醋酸/mL
3.6	0.75	9.35	4.8	5.90	4.10
3.8	1.20	8.80	5.0	7.00	3.00
4.0	1.80	8.20	5.2	7.90	2.10
4.2	2.65	7.35	5.4	8.60	1.40
4.4	3.70	6.30	5.6	9.10	0.90
4.6	4.90	5.10	5.8	6.40	0.60

注：NaAc·3H$_2$O 相对分子质量＝136.09，0.2 mol/L 溶液为 27.22 g/L。冰醋酸 11.8 mL 稀释至 1 L（需标定）即 0.2 mol/L。

（七）磷酸二氢钾-氢氧化钠缓冲液 （0.05 mol/L）

X mL 0.2 mol/L KH$_2$PO$_4$＋Y mL 0.2 mol/L NaOH 加水稀释至 20mL。

pH (20 ℃)	X/mL	Y/mL	pH/ (20 ℃)	X/mL	Y/mL
5.8	5	0.372	7.0	5	2.963
6.0	5	0.570	7.2	5	3.500
6.2	5	0.860	7.4	5	3.950
6.4	5	1.260	7.6	5	4.280
6.6	5	1.780	7.8	5	4.520
6.8	5	2.365	8.0	5	4.680

（八）磷酸盐缓冲液 （磷酸氢二钠-磷酸二氢钠缓冲液）（0.2 mol/L）

pH	0.2 mol/L Na$_2$HPO$_4$/mL	0.2 mol/L NaH$_2$PO$_4$/mL	pH	0.2 mol/L Na$_2$HPO$_4$/mL	0.2 mol/L NaH$_2$PO$_4$/mL
5.8	8.0	92.0	7.0	61.0	39.0
5.9	10.0	90.0	7.1	67.0	33.0
6.0	12.3	87.7	7.2	72.0	28.0
6.1	15.0	85.0	7.3	77.0	23.0
6.2	18.5	81.5	7.4	81.0	19.0
6.3	22.5	77.5	7.5	84.0	16.0
6.4	26.5	73.5	7.6	87.0	13.0
6.5	31.5	68.5	7.7	89.5	10.5
6.6	37.5	62.5	7.8	91.5	8.5
6.7	43.5	56.5	7.9	93.0	7.0
6.8	49.0	51.0	8.0	94.7	5.3
6.9	55.0	45.0			

注：Na$_2$HPO$_4$·2H$_2$O 相对分子质量＝178.05，0.2 mol/L 溶液为 35.61 g/L。Na$_2$HPO$_4$·12H$_2$O 相对分子质量＝358.22，0.2 mol/L 溶液为 71.64 g/L。NaH$_2$PO$_4$·H$_2$O 相对分子质量＝138.01，0.2 mol/L 溶液为 27.6 g/L。

NaH$_2$PO$_4$·2H$_2$O相对分子质量＝156.03，0.2 mol/L溶液为31.21 g/L。

（九）巴比妥钠-盐酸缓冲液

pH (18 ℃)	0.04 mol/L 巴比妥钠/mL	0.2 mol/L HCl/mL	pH (18 ℃)	0.04 mol/L 巴比妥钠/mL	0.2 mol/L HCl/mL
6.8	100	18.4	8.4	100	5.21
7.0	100	17.8	8.6	100	3.82
7.2	100	16.7	8.8	100	2.52
7.4	100	15.3	9.0	100	1.65
7.6	100	13.4	9.2	100	1.13
7.8	100	11.47	9.4	100	0.70
8.0	100	9.39	9.6	100	0.35
8.2	100	7.21			

注：巴比妥钠相对分子质量＝206.18，0.04 mol/L溶液为8.25 g/L。

（十）Tris-HCl 缓冲液（0.05 mol/L）

50 mL 0.1 mol/L 三羟甲基氨基甲烷（Tris）溶液与 X mL 0.1 mol/L 盐酸混匀并稀释至 100 mL。

pH (25 ℃)	X/mL	pH (25 ℃)	X/mL
7.10	45.7	8.10	26.2
7.20	44.7	8.20	22.9
7.30	43.4	8.30	19.9
7.40	42.0	8.40	17.2
7.50	40.3	8.50	14.7
7.60	38.5	8.60	12.4
7.70	36.6	8.70	10.3
7.80	34.5	8.80	8.5
7.90	32.0	8.90	7.0
8.00	29.2		

注：Tris 相对分子质量＝121.14，0.1 mol/L溶液为12.114 g/L。Tris溶液可从空气中吸收二氧化碳，使用时注意将瓶盖严。

（十一）硼酸-硼砂缓冲液（0.2 mol/L 硼酸根）

pH	0.05 mol/L 硼砂/mL	0.2 mol/L 硼酸/mL	pH	0.05 mol/L 硼砂/mL	0.2 mol/L 硼酸/mL
7.4	1.0	9.0	8.2	3.5	6.5
7.6	1.5	8.5	8.4	4.5	5.5
7.8	2.0	8.0	8.7	6.0	4.0
8.0	3.0	7.0	9.0	8.0	2.0

注：硼砂（Na$_2$B$_4$O$_7$·10H$_2$O）相对分子质量＝381.43，0.05 mol/L溶液（等于0.2 mol/L硼酸根）含19.07 g/L。硼酸相对分子质量＝61.84，0.2 mol/L的溶液为12.37 g/L。硼砂易失去结晶水，必须在带塞的瓶中保存。

（十二）甘氨酸-氢氧化钠缓冲液（0.05 mol/L）

X mL 0.2 mol/L 甘氨酸＋*Y* mL 0.2 mol/L NaOH 加水稀释至 200 mL。

pH	X/mL	Y/mL	pH	X/mL	Y/mL
8.6	50	4.0	9.6	50	22.4
8.8	50	6.0	9.8	50	27.2
9.0	50	8.8	10	50	32.0
9.2	50	12.0	10.4	50	38.6
9.4	50	16.8	10.6	50	45.5

注：甘氨酸相对分子质量＝75.07，0.2 mol/L 溶液含 15.01 g/L。

（十三）硼砂-氢氧化钠缓冲液（0.05 mol/L 硼酸根）

X mL 0.05 mol/L 硼砂＋*Y* mL 0.2 mol/L NaOH 加水稀释至 200 mL。

pH	X/mL	Y/mL	pH	X/mL	Y/mL
9.3	50	6.0	9.8	50	34.0
9.4	50	11.0	10.0	50	43.0
9.6	50	23.0	10.1	50	46.0

注：硼砂（$Na_2B_4O_7 \cdot 10H_2O$）相对分子质量＝381.43，0.05 mol/L 硼砂溶液（等于 0.2 mol/L 硼酸根）为 19.07 g/L。

（十四）碳酸钠-碳酸氢钠缓冲液（0.1 mol/L）

pH		0.1 mol/L Na_2CO_3/	0.1 mol/L $NaHCO_3$/
20 ℃	37 ℃	mL	mL
9.16	8.77	1	9
9.40	9.22	2	8
9.51	9.40	3	7
9.78	9.50	4	6
9.90	9.72	5	5
10.14	9.90	6	4
10.28	10.08	7	3
10.53	10.28	8	2
10.83	10.57	9	1

注：$Na_2CO_3 \cdot 10H_2O$ 相对分子质量＝286.2，0.1 mol/L 溶液为 28.62 g/L。$NaHCO_3$ 相对分子质量＝84.0，0.1 mol/L 溶液为 8.40 g/L。此缓冲液在 Ca^{2+}、Mg^{2+} 存在时不得使用。

（十五）pH 2.5 乳酸-乳酸钠缓冲液（0.05 mol/L）

溶液 A：称取 80%～90% 乳酸 10.6 g，加蒸馏水稀释定容至 1 000 mL。

溶液 B：称取 70% 乳酸钠 16 g，加水稀释定容至 1 000 mL。

取溶液 A 16 mL 与溶液 B 1 mL 混合稀释一倍即成。

（十六）pH 3.0 乳酸-乳酸钠缓冲液（0.05 mol/L）

溶液 A：称取 80%～90%乳酸 10.6 g，以水定容至 1 000 mL。

溶液 B：称取 70%乳酸钠 16 g，蒸馏水溶解定容至 1 000 mL。

取溶液 A 8 mL 与溶液 B 1 mL，混合稀释一倍即成。

（十七）pH 4.0 乳酸-乳酸钠缓冲液（0.1 mol/L）

先配 0.1 mol/L 的乳酸、乳酸钠溶液，边混合边调节 pH 至 4.0 即可。

附录四 实验室常用培养基配方

（一）肉汤蛋白胨培养基

牛肉膏 5 g、蛋白胨 10 g、NaCl 5 g、琼脂 15～20 g，pH 7.0～7.2，加水定容至 1 000 mL，121 ℃灭菌 30 min。

（二）LB（Luria-Berfani）斜面培养基

胰蛋白胨 10 g、酵母膏 10 g、NaCl 5 g、琼脂 15 g，pH7.2，加水定容至 1 000mL。

（三）营养琼脂（Oxoid）

牛肉膏 1 g、蛋白胨 5 g、酵母膏 2 g、NaCl 5 g、琼脂 15～20 g，pH 7.4，加水定容至 1 000 mL，121 ℃灭菌 30 min。

（四）查氏（Czapek）培养基

$NaNO_3$ 2 g、$FeSO_4$ 0.01 g、K_2HPO_4 1 g、蔗糖 30 g、KCl 0.5 g、琼脂 15～20 g、$MgSO_4$ 0.5 g，pH 自然，加水定容至 1 000 mL，121 ℃灭菌 30 min。

（五）马铃薯蔗糖琼脂培养基

马铃薯 200 g、琼脂 15～20 g、蔗糖 20 g，pH 自然，加水定容至 1 000 mL，121 ℃灭菌 30 min。

马铃薯去皮，切成 1 cm^3 左右的小块，煮沸 0.5 h，然后用纱布过滤，再加蔗糖及琼脂，熔化后补水至 1 000 mL。

（六）马丁氏（Martin）培养基

葡萄糖 10 g、蛋白胨 5 g、KH_2PO_4 1 g、$MgSO_4 \cdot 7H_2O$ 0.5 g、1/300 孟加拉红水溶液 10 mL、琼脂 15～20 g，pH 自然，加水定容至 1 000 mL，121 ℃灭菌 30 min。

分离微生物时，可以在培养基中加终浓度为 30 $\mu g/mL$ 的链霉素溶液抑制细菌生长。

（七）淀粉琼脂培养基（高氏一号合成培养基）

可溶性淀粉 20 g、K_2HPO_4 0.5 g、KNO_3 1 g、$MgSO_4 \cdot 7H_2O$ 0.5 g、NaCl 0.5 g、$FeSO_4$ 0.01g、琼脂 20 g，pH 7.6，加水定容至 1 000 mL，121 ℃灭菌 30 min。

分离微生物时，可以在已熔化好的高氏一号合成培养基中，按每 300 mL 培养基加入 3% 重铬酸钾 0.1～0.2 mL，以抑制细菌和霉菌生长。

配制时，先用少量冷水，将淀粉调成糊状，在火上加热，边搅拌边加水及其他成分，熔化后，补充水分至 1 000 mL。

（八）厌气性纤维素分解细菌培养基

蛋白胨 1.0 g、$Na(NH_4)HPO_4$ 2.0 g、$CaCl_2 \cdot 6H_2O$ 0.3 g、KH_2PO_4 1.0 g、$MgSO_4 \cdot 7H_2O$ 0.5 g、$CaCO_3$ 5.0 g，加水定容至 1 000 mL。

每支试管（1.5cm×15 cm）灌注培养基 12 mL，并放入 1 cm×6 cm 滤纸一条，121 ℃灭菌 30 min。

（九）赫琴逊（Hutchison）食纤维菌培养基

$NaNO_3$ 2.5 g、KH_2PO_4 1.0 g、$CaCl_2 \cdot 6H_2O$ 0.1 g、$MgSO_4 \cdot 7H_2O$ 0.3 g、NaCl 0.1 g、$FeCl_3$ 0.01 g、蒸馏水 1 000 mL，调节 pH 至 7.0～7.2，121 ℃灭菌 30 min。

（十）维氏（Bnkorpagckuu）厌气性固氮菌培养基

葡萄糖 20.0 g、K_2HPO_4 1.0 g、$MgSO_4 \cdot 7H_2O$ 0.5 g、NaCl 0.1 g、$FeSO_4 \cdot 7H_2O$ 微量、$MnSO_4 \cdot 4H_2O$ 微量、$CaCO_3$ 30.0 g，加水定容至 1 000 mL，121 ℃灭菌 30min。

（十一）阿须贝（Ashby）无氮培养基

甘露醇（或蔗糖、葡萄糖）10 g、KH_2PO_4 0.2 g、$MgSO_4 \cdot 7H_2O$ 0.2 g、NaCl 0.2 g、$CaSO_4 \cdot 2H_2O$ 0.1 g、$CaCO_3$ 5.0 g，加水定容至 1 000 mL，121 ℃灭菌 30min。

（十二）甘露醇酵母汁培养基

甘露醇（或蔗糖）10.0 g、酵母粉 0.5 g、K_2HPO_4 0.5 g、NaCl 0.1 g、$CaCO_3$ 3.0 g、$MgSO_4 \cdot 7H_2O$ 0.2 g，加水定容至 1 000 mL，121 ℃灭菌 30 min。

（十三）结晶紫甘露醇酵母汁培养基

甘露醇酵母汁培养基加百万分之十结晶紫。结晶紫溶液配法：准确地称结晶紫 1 g，放在玛瑙乳钵中，先干研，再加 10 mL 95％乙醇细研，到完全溶解，加蒸馏水稀释成 100 mL，即得 1％结晶紫溶液。每 1 000 mL 培养基加 1 mL 1％结晶紫溶液，相当于百万分之十。

（十四）R2A 培养基（用于纯化水中菌落总数的测定）

酪蛋白水解物 0.5 g/L、酵母浸出粉 0.5 g/L、蛋白胨 0.5 g/L、可溶性淀粉 0.5 g/L、葡萄糖 0.5 g/L、K_2HPO_4 0.3 g/L、$MgSO_4$（无水）0.024 g/L、丙酮酸钠 0.3 g/L、琼脂 15.0 g/L，pH 7.2±0.2，121 ℃灭菌 15 min。

除葡萄糖、琼脂外，取上述成分，混合，微温溶解，调节 pH 使加热后在 25 ℃的 pH 为 7.2±0.2，加入琼脂，加热熔化后，再加入葡萄糖，摇匀，分装，灭菌。

（十五）亚历氏硅酸盐细菌培养基

蔗糖 5.0 g、Na_2HPO_4 2.0 g、$MgSO_4 \cdot 7H_2O$ 0.5 g、$FeCl_3$ 0.005 g、$CaCO_3$ 0.1 g、钾铅硅酸盐 1.0 g，加水定容至 1 000 mL，调节 pH 至 7.0～7.2，121 ℃灭菌 30 min。

（十六）萨氏硫化细菌培养基

$Na_2S_2O_3 \cdot 5H_2O$ 10.0 g、NH_4Cl 2.0 g、K_2HPO_4 3.0 g、$MgCl_2$ 0.5 g、$CaCl_2$ 0.2 g，加水定容至 1 000 mL，调节 pH 至 6.0～6.2，121 ℃灭菌 30 min。

（十七）斯大基反硫化培养基

60％乳酸钠 6.0 mL、NH_4Cl 1.0 g、K_2HPO_4 0.5 g、$MgSO_4 \cdot 7H_2O$ 2.0 g、Na_2SO_4 0.5 g、$CaCl_2 \cdot 6H_2O$ 0.1 g，加水定容至 1 000 mL，121 ℃灭菌 30 min。使用前每管（15 mL）加新配的 10％硫酸亚铁铵（Mohr 盐）4 滴。

（十八）完全培养基（complete medium，CM）

牛肉膏 10 g、蛋白胨 5 g、酵母膏 5 g、NaCl 5 g、琼脂 18 g、蒸馏水 1 000 mL，pH 7.0～7.5。

（十九）基本培养基（minimal medium，MM）

10×A 缓冲液 100 mL、1 mg/mL 硫胺素 4 mL、20％葡萄糖 20 mL、0.25mol/L $MgSO_4 \cdot 7H_2O$ 4 mL、琼脂 18 g、蒸馏水 880 mL，pH 7.0。

不加琼脂为液体培养基。

10×A 缓冲液配制：K_2HPO_4 105 g、KH_2PO_4 45 g、$(NH_4)_2SO_4$ 10 g、二水柠檬酸钠 5 g，加蒸馏水至 1 000 mL，pH 7.0

（二十）蛋白胨水培养基

蛋白胨 10 g、NaCl 5 g，pH 7.6，加水定容至 1 000 mL，121 ℃灭菌 30 min。

（二十一）葡萄糖蛋白胨水培养基

蛋白胨 5 g、K$_2$HPO$_4$ 2 g、葡萄糖 5 g，pH 7.0～7.2，加水定容至 1 000 mL，121 ℃灭菌 30 min。

（二十二）淀粉培养基（淀粉水解试验）

蛋白胨 10 g、牛肉膏 5 g、NaCl 5 g、可溶性淀粉 2 g、琼脂 15～20 g，pH 7.0～7.2，加水定容至 1 000 mL，121 ℃灭菌 30 min

（二十三）石蕊牛乳培养基

脱脂牛乳的制备：新鲜牛乳，置水浴中加热 20 min，取出冷却，吸出下层牛乳，除去上层乳脂，重复 3 次至牛乳全部脱去乳脂。

石蕊水溶液的配制：石蕊 2.5 g、蒸馏水 100 mL。将石蕊浸泡在蒸馏水中过夜（或更长些时间），石蕊变软易于溶解，溶解后过滤备用。

石蕊牛乳配制：2.5％石蕊水溶液 4 mL、脱脂牛乳 100 mL。

配制好的石蕊牛乳，颜色为丁香花紫色，分装试管，每管 9～10 mL，108 ℃蒸汽灭菌 20 min（或间歇灭菌）。

（二十四）蛋白胨氨化培养基

蛋白胨 5.0 g、K$_2$HPO$_4$ 0.5 g、KH$_2$PO$_4$ 0.5 g、MgSO$_4$ · 7H$_2$O 0.5 g，加水定容至 1 000 mL，调节 pH 至 7.0～7.2，121 ℃灭菌 30 min。

（二十五）硝化（一）培养基

(NH$_4$)$_2$SO$_4$ 0.5 g、CaCO$_3$ 1.0 g、维氏标准盐溶液（1∶20）1 000 mL，121 ℃灭菌 30 min。

（二十六）硝化（二）培养基

NaNO$_2$ 1.0 g、CaCO$_3$ 1.0 g、维氏标准盐溶液（1∶20）1 000 mL，121 ℃灭菌 30 min。

（二十七）硝酸柠檬酸反硝化培养基

KNO$_3$ 2.0 g、柠檬酸钠 5.0 g、K$_2$HPO$_4$ 1.0 g、KH$_2$PO$_4$ 1.0 g、MgSO$_4$ · 7H$_2$O 0.2 g，加水定容至 1 000 mL，调节 pH 至 7.0～7.2，121 ℃灭菌 30 min。

（二十八）磷酸三钙培养基

葡萄糖 10.0 g、(NH$_4$)$_2$SO$_4$ 0.5 g、NaCl 0.3 g、KCl 0.3 g、MgSO$_4$ · 7H$_2$O 0.3 g、FeSO$_4$ · 7H$_2$O 0.03 g、MnSO$_4$ · 4H$_2$O 0.03 g、Ca$_3$(PO$_4$)$_2$ 2.0 g，加水定容至 1 000 mL，121 ℃灭菌 30 min。

（二十九）维氏标准盐溶液

K$_2$HPO$_4$ 5 g、FeSO$_4$ 0.05 g、MgSO$_4$ · 7H$_2$O 2.5 g、MnSO$_4$ 0.05 g、NaCl 12.5 g，加水定容至 1 000 mL，调节 pH 至 7.2，115 ℃灭菌 20 min。

（三十）LO 培养基

乳酸钠 10 mL、ZnSO$_4$ 0.11 mg、K$_2$HPO$_4$ · 3H$_2$O 1.67 g、KH$_2$PO$_4$ 0.87 g、NaCl 0.05 g、MgSO$_4$ · 7H$_2$O 0.1 g、Na$_2$-EDTA 0.93 mg、CoCl$_2$ 0.52×10^{-3} mg、MnSO$_4$ 0.14 mg、NiCl · 6H$_2$O 0.2 mg、NaMoO$_4$ · 2H$_2$O 0.88 mg、FeCl$_3$ 4 mg，加水定容至 1 000 mL，121 ℃灭菌 30 min。

（三十一）乳糖胆盐蛋白胨培养基

蛋白胨 20 g、猪胆盐（或牛、羊胆盐）5 g、乳糖 10 g、0.04％溴甲酚紫水溶液 25 mL、水 1 000 mL，pH7.4。

将蛋白胨、胆盐和乳糖溶于水中，校正 pH，加入指示剂，分装，每管 10 mL，并倒置放入一个杜氏小管，注意小试管中应充满液体，不能有气泡。115 ℃灭菌 15 min。

3 倍浓缩乳糖蛋白胨培养基，成分同乳糖蛋白胨培养基，浓缩 3 倍，每管 5 mL（内有盛满液体且无气泡的杜氏小管）。

（三十二）伊红亚甲蓝固体培养基

蛋白胨 10 g、乳糖 10 g、K_2HPO_4 2 g、琼脂 20 g、2％伊红水溶液 20 mL、0.5％亚甲蓝水溶液 13 mL。

先配制除伊红和亚甲蓝以外的固体培养基，115 ℃灭菌 20 min，趁热加入分别灭菌的伊红和亚甲蓝，充分混匀后倒平板备用。

附录五 灭菌锅蒸汽压力与温度的关系

压力表读数①		灭菌器内实际压强②	不同空气残留量时的温度/℃				
kgf/cm²	kPa	kPa	100%	75%	50%	25%	0
0.070	6.90	108.23	60.6	63.8	79.9	92.2	101.9
0.141	13.79	115.12	63.5	68.1	82.9	94.5	103.6
0.352	34.48	135.81	71.6	78.6	90.9	100.6	108.4
0.563	55.17	156.50	79.7	87.1	97.4	105.7	112.6
0.703	68.96	170.29	83.1	91.9	101.2	108.8	115.2
1.055	103.45	204.78	92.7	101.7	109.2	115.4	121.0
1.406	137.93	239.26	101.1	109.5	115.6	121.0	126.0
1.758	172.41	273.74	108.6	115.8	121.1	125.7	130.4
2.110	206.89	308.22	115.3	121.1	125.7	129.9	134.5

①1 kgf/cm²＝8.066 5 kPa。

②实际压强＝压力表读数（kPa）＋101.33 kPa

附录六 MPN 法计数统计表

（一）五次重复测数统计表

数量指标	近似值	数量指标	近似值	数量指标	近似值	数量指标	近似值	数量指标	近似值	数量指标	近似值
000	0.0	122	1.0	301	1.1	410	1.7	510	3.5	542	25.0
001	0.2	130	0.8	302	1.4	411	2.0	511	4.5	543	30.0
002	0.4	131	1.0	301	1.1	412	2.5	512	6.0	544	35.0
010	0.2	140	1.1	311	1.4	420	2.0	513	8.0	545	45.0
011	0.4	200	0.5	312	1.7	421	2.5	520	5.0	550	25.0
012	0.6	201	0.7	313	2.0	422	3.0	521	7.0	551	35.0
020	0.4	202	0.9	320	1.4	430	2.5	522	9.5	552	60.0
021	0.6	203	1.2	321	1.7	431	3.0	523	12.0	553	90.0
030	0.6	210	0.7	322	2.0	432	4.0	524	15.0	554	160.0
100	0.2	211	0.9	330	1.7	440	3.5	525	17.5	555	180.0
101	0.4	212	1.2	331	2.0	441	4.9	530	8.0		
102	0.6	220	0.9	340	2.0	450	4.0	530	11.0		
103	0.8	221	1.2	341	2.5	451	5.0	532	14.0		
110	0.4	222	1.4	350	2.5	550	2.5	533	17.5		
111	0.6	230	1.2	400	1.3	501	3.0	534	20.0		
112	0.8	231	1.4	401	1.7	502	4.0	535	25.0		
120	0.6	240	1.4	402	2.0	503	6.0	540	13.0		
121	0.8	300	0.8	403	2.5	504	7.5	541	17.0		

（二）四次重复测数统计表

数量指标	近似值	数量指标	近似值	数量指标	近似值	数量指标	近似值	数量指标	近似值	数量指标	近似值
000	0.0	100	0.3	140	1.4	240	2.0	332	4.0	422	13.0
001	0.2	101	0.5	141	1.7	241	3.0	333	5.0	423	17.0
002	0.5	102	0.8	200	0.6	300	1.1	340	3.5	424	20.0
003	0.7	103	1.0	201	0.9	301	1.6	341	4.5	430	11.5
010	0.2	110	0.5	202	1.2	302	2.0	400	2.5	431	16.5
011	0.5	111	0.8	203	1.6	303	2.5	401	3.5	432	20.0
012	0.7	112	1.0	210	1.6	310	1.6	402	5.0	433	30.0
013	0.9	113	1.3	211	1.3	311	2.0	403	7.0	434	35.0
020	0.5	120	0.8	212	1.6	312	3.0	410	3.5	440	25.0
021	0.7	121	1.1	213	2.0	313	3.5	411	5.5	441	40.0
022	0.9	122	1.3	220	1.3	320	2.0	412	8.0	442	70.0
030	0.7	123	1.6	221	1.6	321	3.0	413	11.0	443	140.0
031	0.9	130	1.1	222	2.0	322	3.5	414	14.0	444	160.0
040	0.9	131	1.4	230	1.7	330	3.5	420	6.0		
041	1.2	132	1.6	231	2.0	331	3.5	421	9.5		

（三）三次重复测数统计表

数量指标	近似值	数量指标	近似值	数量指标	近似值	数量指标	近似值	数量指标	近似值	数量指标	近似值
000	0.0	102	1.1	201	1.4	222	3.5	302	6.5	322	20.0
001	0.3	110	0.7	202	2.0	223	4.0	310	4.5	323	30.0
010	0.3	111	1.1	210	1.5	230	3.0	311	7.5	330	25.0
011	0.6	120	1.1	211	2.0	231	3.5	312	11.5	331	45.0
020	0.6	121	1.5	212	3.0	232	4.0	313	16.5	332	110.0
100	0.4	130	1.6	220	2.0	300	2.5	320	9.5	333	140.0
101	0.7	200	0.9	221	3.0	301	4.0	321	15.0		

附录七 微生物学实验常用玻璃器皿的清洗

微生物学实验中用到各种玻璃器皿，清洁的玻璃器皿是得到正确实验结果的重要条件之一。实验中所使用器皿必须洗去灰尘、油垢、无机盐类等物质。器皿洗涤之后，应晾干或烘干备用。

（一）洗涤工作注意事项

①用过的器皿应及时洗涤，放置太久会增加洗涤的困难，随时洗涤还可以提高器皿的使用率。

②含有病原菌或者属于植物检疫范围内的微生物试管、培养皿及其他容器，应先浸在5％石炭酸溶液内或蒸煮灭菌后再行洗涤。

③盛过有毒物品的器皿要另行处理，不能与一般器皿混杂洗涤。

④难洗涤的器皿不要与易洗涤的器皿放在一起，有油的器皿不要与无油的器皿混在一起，否则使本来无油的器皿沾上了油污，增加不必要的麻烦。

⑤强酸、强碱及其他氧化物和有挥发性的有毒物品，都不能倒在洗涤槽内，必须倒在废水缸中。

⑥用过的升汞溶液，切勿装在铝锅等金属器皿中，以免腐蚀金属。

⑦任何洗涤法，都不应对玻璃器皿有所损伤。所以不能使用对玻璃器皿有腐蚀作用的化学试剂，也不能使用比玻璃硬度大的制品来擦拭玻璃器皿。

（二）洗涤剂的种类及应用

1. 水　水是最主要的洗涤剂，但只能洗去可溶解在水中的污物。不溶解于水的污物，如油、蜡等，必须用其他方法处理以后，再用水洗。洁净要求比较高的器皿，用水洗过之后，还要再用蒸馏水洗。

2. 肥皂　肥皂是很好的去污剂。一般肥皂的碱性都不强，不会损伤器皿和皮肤，所以洗涤时常用肥皂。使用的方法多用湿刷子（试管刷、瓶刷）蘸肥皂刷洗容器，再用水洗去肥皂。热的肥皂水（5％）去污力很强，洗去器皿上的油脂很有效。油脂很重的器皿应先用纸将油层擦去，然后用肥皂水洗，也可以加热煮沸后再洗。

3. 去污粉　去污粉内含有碳酸钙、碳酸镁等，有起泡沫和除油污的作用，有时也加一些盐、硼砂等，以增加摩擦作用。用时将器皿润湿，将去污粉涂在污点上，用布或刷子擦拭，再用水洗去去污粉。一般玻璃器皿、搪瓷器皿等都可以使用去污粉。

4. 洗衣粉　洗衣粉有很强的去污能力。用1％洗衣粉液洗载玻片和盖玻片，能达到良好的洗涤效果。

5. 洗液　通常用的洗液是重铬酸钾（或重铬酸钠）的硫酸溶液，是一种强氧化剂，去污能力很强。实验室常用它来洗去玻璃和瓷质器皿上的有机质，但不能用于洗金属器皿。

洗液的配方一般分浓配方和稀配方两种。

浓配方：重铬酸钾（工业用）40.0 g、蒸馏水160.0 mL、浓硫酸（粗）800.0 mL。

稀配方：重铬酸钾（工业用）50.0 g、蒸馏水850.0 mL、浓硫酸（粗）100.0 mL。

配法是将重铬酸钾溶解在蒸馏水中（可加热），待冷却后，再慢慢加入硫酸，边加边搅拌。配好后存放备用。此液可用很多次，每次用后倒回原瓶储存，当溶液变成青褐色时，洗液失效。

用洗液进行洗涤时应尽力避免稀释。如要加快作用速度，可将洗液加热至 40~50 ℃ 后进行洗涤。器皿上带有大量有机质时，不可直接加洗液，应尽可能先行清除有机质，再用洗液，否则洗液会很快失效。用洗液洗过的器皿，应立即用水冲洗至无色为止。洗液有强腐蚀性，溅到桌椅上时，应立即用水洗并用湿布擦去。皮肤及衣服上沾有洗液，应立即用水洗，然后用苏打（碳酸钠）水或氨水中和。

6. 硫酸及碱　器皿上如沾有煤膏、焦油以及树脂一类物质，可以用浓硫酸（H_2SO_4）或 40% 氢氧化钠（NaOH）溶液洗。因为以上这些物质，大部分都可以溶解在浓硫酸或强碱中。处理所需的时间，由所沾物质决定，一般只需 5~10 min，但也有的需要数小时。

7. 有机溶剂　有时洗涤油脂物质及其他不溶于水也不溶于酸和碱的物质，需要用特定的有机溶剂。常用的有机溶剂有汽油、丙酮、苯、二甲苯及松节油等。

洗涤剂的种类很多，可以根据需要，选择经济而有效的洗涤剂。在微生物学实验中，一般使用最多的就是肥皂、洗衣粉、去污粉和重铬酸钾洗液。若使用得当，这几种洗涤剂可解决大部分玻璃器皿的洗涤问题。

（三）各种玻璃器皿的洗涤方法

1. 新玻璃器皿洗涤法　新购置的玻璃器皿含有游离碱，应用 2% 盐酸溶液浸泡数小时，再用水充分冲洗干净。

2. 含有琼脂培养基玻璃器皿洗涤法　先用小刀或铁丝将器皿中的琼脂培养基刮下。如果琼脂培养基已经干燥，可将器皿放在水中蒸煮，使琼脂熔化后趁热倒出，然后用水洗涤，并用刷子蘸洗衣粉擦洗内壁，然后用自来水洗去洗衣粉。如果经过这样洗涤的器皿，油污还未洗净，就需用洗液来清洗。

经过洗涤的器皿可盛一般实验的培养基和无菌水等。如果器皿要盛高纯度的化学药品或者做较精确的实验，必须用洗液来清洗。

盛用液态琼脂培养基的器皿，应先将培养物倒在废液缸中，然后按上法洗涤。切不要将培养基倒入洗涤槽中，否则会逐渐堵塞下水道。

3. 载玻片及盖玻片洗涤法　新载玻片和盖玻片先在 2% 盐酸溶液中浸 1 h，再用自来水冲洗 2~3 次，最后用蒸馏水换洗 2~3 次。也可用 1% 洗衣粉洗涤。新载玻片用洗衣粉洗涤时，先将洗衣粉液煮沸，然后将要洗的新载玻片散入煮沸液中，持续煮沸 15~20 min（注意煮沸液一定要浸没载玻片，否则会使玻片钙化变质），待冷却后用自来水冲洗至中性。新盖玻片用洗衣粉洗涤时，将盖玻片散入 1% 洗衣粉液中，煮沸 1 min，待泡沫消失后，再煮沸 1 min，如此 2~3 次（如煮沸时间过长会使玻片钙化变白且变脆易碎）。盖玻片冷却后用自来水冲洗干净。

用过的载玻片和盖玻片，应先用纸擦去油垢，再放在 5% 肥皂水（或 1% 苏打液）中煮 10 min，并用自来水立即冲洗，然后放在洗液（注意用稀配方洗液）中浸泡 2 h，再用自来水冲洗到无色为止。如用洗衣粉洗涤，也须先用纸擦去油垢，然后将玻片浸入洗衣粉液中，方法同新载玻片洗衣粉洗涤法，只不过煮沸的时间要长些（30 min 左右）。

附录八　实验室常用消毒剂

名称	浓度	使用范围	注意问题
石炭酸（苯酚）	3%～5%	接种室消毒（喷雾）器皿消毒	杀菌力强
来苏儿	2%～5%	浸泡玻璃器皿及皮肤表面消毒	高浓度对黏膜和皮肤有腐蚀作用
乙醇	70%～75%	皮肤消毒	对芽孢无效
甲醛（福尔马林）	10 mL/m^3	接种室消毒	用于熏蒸
生石灰	1%～3%	消毒地面及排泄物	腐蚀力强
新洁尔灭	0.1%	皮肤及器皿消毒	对芽孢无效
漂白粉	2%～5%	皮肤消毒	腐蚀金属伤皮肤
碘酒	2.5%	皮肤消毒	不可与红汞同时使用
升汞	0.05%～0.1%	植物组织表面消毒	会腐蚀金属器皿
红汞	2%	皮肤消毒	勿与碘酒同时使用
硫黄	15 g/m^2	熏蒸，空气消毒	腐蚀金属
高锰酸钾	0.1%	皮肤及器皿消毒	应随用随配
84 消毒液	0.5%	器皿消毒	腐蚀金属伤皮肤

附录九 实验室常用干燥剂

用 途	常用干燥剂名称
气体干燥	石灰、无水 $CaCl_2$、P_2O_5、浓 H_2SO_4、KOH
流体干燥	P_2O_5、浓 H_2SO_4、无水 $CaCl_2$、无水 K_2CO_3、KOH、无水 Na_2SO_4、无水 $MgSO_4$、无水 $CaSO_4$、金属钠
干燥剂中的吸水	P_2O_5、浓 H_2SO_4、无水 $CaCl_2$、硅胶
有机溶剂蒸汽干燥	石蜡片
酸性气体干燥	石灰、KOH、NaOH
碱性气体干燥	浓 H_2SO_4、P_2O_5

附录十　教学常用微生物菌种

（一）细菌及放线菌

八叠球菌属	*Sarcina*
巴斯德梭菌	*Clostridium pasteurianum*
变形杆菌	*Bacterium proteus*
大肠杆菌	*Escherichia coli*
大豆慢生根瘤菌	*Bradyrhiobium japonicum*
放线菌属	*Actinomyces*
华癸中生根瘤菌	*Mesorhizobium huakuii*
灰色链霉菌	*Streptomyces griseus*
假单胞菌属	*Pseudomonas*
结核分枝杆菌	*Mycobacterium tuberculosis*
胶质芽孢杆菌	*Bacillus mucilaginosus*
金黄色葡萄球菌	*Staphylococcus aureus*
巨大芽孢杆菌	*Bacillus megaterium*
枯草芽孢杆菌	*Bacillus subtilis*
蜡状芽孢杆菌	*Bacillus cereus*
链鱼腥蓝细菌	*Anabaena azollae*
苜蓿中华根瘤菌	*Sinorhizobium meliloti*
念珠蓝细菌	*Nostoc*
黏质沙雷氏菌（灵杆菌）	*Serratia marcescens*
乳酸链球菌	*Streptococcus lactis*
苏云金芽孢杆菌	*Bacillus thuringiensis*
脱氮假单胞菌	*Pseudomonas denitrficans*
豌豆根瘤菌	*Rhizobium leguminosarum*
细黄链霉菌（5406）	*Streptomyces microflavus*
覃状芽孢杆菌	*Bacillus mycoides*
圆褐固氮菌	*Azotobacter chroococcum*

（二）酵母菌及霉菌

红酵母属	*Rhodotorula*
酿酒酵母	*Saccharomyces cerevisiae*
白地霉	*Geotrichum candidum*
白僵菌	*Beauveria bassiana*
棒曲霉	*Aspergillus clavatus*
产黄青霉	*Penicillium chrysogenum*
串珠镰刀霉	*Fusarium moniliforme*
黑曲霉	*Aspergillus niger*

米曲霉	*Aspergillus oryzae*
蓝色梨头霉	*Absidia coerulea*
镰刀霉	*Fusarium* sp.
绿僵菌属	*Metarhizium*
绿色木霉	*Trichoderma viride*
毛霉	*Mucor* sp.
盘长孢属（无毛炭疽菌属）	*Gloeosporium*
葡枝根霉	*Rhizopus stolonifer*

（三）藻类和原生动物

钩刺斜管虫	*Chilodonella uncinata*
疟原虫原属	*Plasmodium*
梨形四膜虫	*Tetrahymena pyriformis*
片状漫游虫	*Litonotus fasciola*
水绵属	*Spirogyra*
团藻属	*Volvox*
弯豆形虫	*Colpidium campylum*
新月藻属	*Navicula*
眼虫（裸藻）属	*Euglena*
衣藻属	*Chlamydomonas*
舟形藻属	*Diatoma*

附录十一 常见抗生素使用浓度

（一）氨苄青霉素（ampicillin，Amp）（100 mg/mL）

溶解 1.0 g 氨苄青霉素钠盐于足量的水中，最后定容至 10 mL。过滤除菌后分装成小份于−20 ℃储存。常以 25～50 μg/mL 的终浓度添加于生长培养基中。

（二）羧苄青霉素（carbenicillin，Cab）（50 mg/mL）

溶解 0.5 g 羧苄青霉素二钠盐于足量的水中，最后定容至 10 mL。分装成小份于−20 ℃储存。常以 25～50 μg/mL 的终浓度添加于生长培养基中。

（三）甲氧西林（methicillin，Met）（100 mg/mL）

溶解 1.0 g 甲氧西林钠于足量的水中，最后定容至 10 mL。分装成小份于−20 ℃储存。常以 37.5 μg/mL 的终浓度与 100 μg/mL 氨苄青霉素一起添加于生长培养基中。

（四）卡那霉素（kanamycin，Kan）（10 mg/mL）

溶解 100 mg 卡那霉素于足量的水中，最后定容至 10 mL。过滤除菌后分装成小份于−20 ℃储存。常以 10～50 μg/mL 的终浓度添加于生长培养基中。

（五）氯霉素（chloramphenicol，Cm）（25 mg/mL）

溶解 250 mg 氯霉素于足量的无水乙醇中，最后定容至 10 mL。过滤除菌分装成小份于−20 ℃储存。常以 12.5～25 μg/mL 的终浓度添加于生长培养基中。

（六）链霉素（streptomycin，Str）（50 mg/mL）

溶解 0.5 g 链霉素硫酸盐于足量的无水乙醇中，最后定容至 10 mL。过滤除菌分装成小份于−20 ℃储存。常以 10～50 μg/mL 的终浓度添加于生长培养基中。

（七）四环素（tetracycline，Tet）（10 mg/mL）

溶解 100 mg 四环素盐酸盐溶于 50% 乙醇中，定容至 10 mL。过滤除菌分装成小份用铝箔包裹装液管以免溶液见光，于−20 ℃储存。常以 10～50 μg/mL 的终浓度添加于生长培养基中。

（八）庆大霉素（gentamicin，Gm）（50 mg/mL）

溶解 500 mg 庆大霉素于足量去离子水中，定容至 10 mL。分装成小份于−20 ℃储存。常以 10～50 μg/mL 的终浓度添加于生长培养基中。

（九）盐酸壮观霉素（spectinomycin）（100 mg/mL）

称取 1.0 g 盐酸壮观霉素于 10 mL 塑料离心管中，加入 9 mL 灭菌水，充分混合溶解之后定容至 10 mL。0.22 μm 滤膜过滤除菌后，分装成小份（1 mL/管）于−20 ℃储存。常以 100 μg/mL 的终浓度添加于生长培养基中。

（十）利福平（rifampicin，Rif）（50 mg/mL）

称取 2.5 g 利福平置于 50 mL 塑料离心管中，加入 40 mL 甲醇，振荡充分混合溶解之后定至 50 mL（可以涡旋）。过滤灭菌后，分装成小份（1～2 mL/管）于−20 ℃储存。配制时每毫升可加入 5 滴 10 mol/L NaOH 以助溶。若以 DMSO 做溶剂，可不滴加 NaOH。常以 50 μg/mL 的终浓度添加于生长培养基中。

（十一）博来霉素（Bleomycin，Blm）（50 mg/mL）

称取 2.5 g 博来霉素于 50 mL 离心管中，加入 40 mL 去离子水，充分搅拌溶解，定容至 50 mL。0.22 μm 滤膜过滤除菌后，分装成小份（0.5～1.0 mL/管）于－20 ℃储存。博来霉素的使用浓度与培养的微生物种类有关，例如，培养大肠杆菌时的终浓度为 25～50 μg/mL（低盐 LB 培养基），培养酵母时的终浓度为 50～300 μg/mL。

附录十二 常用计量单位表

（一）长度

法定与否	中文名称	中文符号	外文符号	换算关系	不规范的名称或符号
法定	米	米	m	1米＝100厘米＝1 000毫米	公尺、M
	千米、公里	千米、公里	km	1千米＝1 000米＝10^3米	Km、KM
	厘米	厘米	cm	1厘米＝1/100米＝10^{-2}米	公分、糎、CM
	毫米	毫米	mm	1毫米＝1/1 000米＝10^{-3}米	公厘、粍、MM
	微米	微米	μm	1微米＝10^{-6}米	μ
	纳［诺］米	纳米	nm	1纳米＝10^{-9}米	毫微米、mμm
	海里	海里	n mile	1海里＝1 852米＝1.852千米	浬
非法定	埃	埃	Å	1埃＝10^{-10}米	
	光年	光年	l. y.	1光年＝9.460 53×10^{15}米	
	天文单位	天文单位	ua	1天文单位＝1.495 979×10^{11}米	A
	［市］里	里		1里＝1 500尺＝500米	
	［市］尺	尺		1尺＝10寸＝1/3米	
	［市］寸	寸		1寸＝1/30米	
	英里	英里		1英里＝1 760码＝5 280英尺＝1.609 344千米	哩
	码	码	yd	1码＝3英尺＝0.914米	
	英尺	英尺	ft	1英尺＝12英寸＝0.304 8米	呎
	英寸	英寸	in	1英寸＝2.54厘米	吋

（二）面积

法定与否	中文名称	中文符号	外文符号	换算关系
法定	平方米	米^2	m^2	
	平方千米、平方公里	千米^2、公里^2	km^2	1千米^2＝1 000 000米^2＝100公顷
	平方厘米	厘米^2	cm^2	1厘米^2＝1/10 000米^2
	平方毫米	毫米^2	mm^2	1毫米^2＝1/1 000 000米^2
	公顷	公顷	hm^2	1公顷＝10 000米^2＝10^4米^2
非法定	平方英里	英里^2		1英里^2＝2.589 988千米^2
	平方英尺	英尺^2	ft^2	1英尺^2＝9.29×10^{-2}米^2
	平方英寸	英寸^2	in^2	1英寸^2＝6.45厘米^2
	公亩	公亩	a	1公亩＝100米^2
	英亩	英亩		1英亩＝4 046.856米^2
	［市］亩	亩		1亩＝666.67米^2

（三）体积、容积

法定与否	中文名称	中文符号	外文符号	换算关系	不规范的名称或符号
法定	立方米	米^3	m^3		
	立方千米、立方公里	千米^3、公里^3	km^3	1千米^3＝10^{9}米^3	
	立方厘米	厘米^3	cm^3	1厘米^3＝10^{-6}米^3	cc
	立方毫米	毫米^3	mm^3	1毫米^3＝10^{-9}米^3	
	升	升	L、l	1升＝1/1 000 米^3＝1 000 厘米^3	公升、立升
	毫升	毫升	mL、ml	1毫升＝1厘米^3	cc
非法定	立方英里	英里^3		1英里^3＝4.168 18 千米^3	
	立方英尺	英尺^3	ft^3	1英尺^3＝1 728 英寸^3＝2.831 685×10^{-2}米^3	
	立方英寸	英寸^3	in^3	1英寸^3＝16.387 1厘米^3＝1.638 71×10^{-5}米^3	
	加仑（美）	加仑（美）	gal（US）	1加仑（美）＝3.785 43 升	
	加仑（英）	加仑（英）	gal（UK）	1加仑（英）＝4.546 092 升	
	蒲式耳（美）	蒲式耳（美）	bu（US）	1蒲式耳（美）＝35.238 升	
	蒲式耳（英）	蒲式耳（英）	bu（UK）	1蒲式耳（英）＝8 加仑（英）＝36.369 升	

（四）质量

法定与否	中文名称	中文符号	外文符号	换算关系	不规范的名称或符号
法定	千克、公斤	千克、公斤	kg		Kg
	克	克	g	1克＝1/1 000 千克＝10^{-3}千克	gm、gr
	毫克	毫克	mg	1毫克＝1/1 000 000 千克＝10^{-6}千克	
	吨	吨	t	1吨＝1 000 千克	公吨
	原子质量单位	原子质量单位	u	1原子质量单位＝1.660 54×10^{-27}千克	
非法定	磅	磅	lb	1磅＝16 盎司＝0.453 592 千克	
	盎司	盎司	oz	1盎司＝28.349 523 克	唡
	短吨、美吨	短吨、美吨	ton［US］	1短吨＝2 000 磅＝0.907 185 吨	
	长吨、英吨	长吨、英吨	ton［UK］	1长吨＝2 240 磅＝1.016 047 吨	
	［米制］克拉	克拉		1克拉＝200 毫克	
	［市］担	担		1担＝100 斤＝50 千克	
	［市］斤	斤		1斤＝10 两＝500 克	
	［市］两	两		1两＝50 克	

（五）压力、压强、应力

法定与否	中文名称	中文符号	外文符号	换算关系	不规范的名称或符号
法定	帕斯卡	帕	Pa	1 帕＝1 牛/米^2	
	千帕斯卡	千帕	kPa	1 千帕＝1 000 牛/米^2	Kpa
非法定	巴	巴	bar	1 巴＝100 000 帕＝100 千帕	b
	标准大气压	标准大气压	atm	1 标准大气压＝101 325 帕＝101.325 千帕	
	毫米汞柱	毫米汞柱	mmHg	1 毫米汞柱＝133.322 帕	
	千克力每平方厘米	千克力/厘米^2	kgf/cm^2	1 千克力/厘米^2＝98 066.5 帕＝98.066 5 千帕	
	磅力每平方英寸	磅力/英寸^2	lbf/in^2	1 磅力/英寸^2＝6 894.76 帕＝6.894 76 千帕	

（六）温度

法定与否	中文名称	中文符号	外文符号	换算关系	不规范的名称或符号
法定	开尔文	开	K		°K
	摄氏度	摄氏度	℃	$T/K = t/℃ + 273.15$	
非法定	华氏度	华氏度	°F	$t/℃ = 5/9 \ (t/°F - 32)$	

注：① "法定"表示中国法定计量单位。无论在工作、学习或日常生活中，原则上均应使用法定计量单位。

② "非法定"表示不属于中国法定计量单位。除某些特定情况外，应尽可能避免使用非法定计量单位。

③ "不规范的名称或符号"应一概停止使用。

附录十三　微生物学实验室安全事项

　　微生物学实验课是微生物学及其相关专业学生学习和理解微生物学基本知识和基础理论，锻炼和掌握微生物学基本操作技能的重要教学环节。为了圆满完成实验课的教学任务，实现教学目的，进入微生物学实验室从事相关实验的学生及研究人员均应遵守如下实验室规则及安全注意事项。

　　1. 实验室登记　实验课前登记签到，若有失约应事先请假。

　　2. 实验室着装　进入实验室应着干净整洁的实验服，长发者应将头发束于脑后或实验帽内，实验操作人员最好勿穿高跟鞋，严禁着拖鞋进入实验室。

　　3. 实验室课堂纪律　遵守课堂纪律，维护课堂秩序。不迟到早退。提倡独立思考，合作研究，勿喧哗，忌闲聊。实验室内禁止饮食和吸烟。衣物、书包和其他杂物应放置在远离实验台的位置。

　　4. 实验前准备　实验前应预习实验内容，了解实验目的、原理和方法，熟悉实验室环境。

　　5. 实验室安全　严格执行实验室各项规章制度，养成良好的实验习惯。实验室药品和试剂均应标签完整。实验前后须对个人和操作环境进行消毒处理，有条件的应在无菌室中、超净工作台上、乙醇灯前进行无菌操作。对于实验室的仪器设备谨记"不懂不动"的原则，应在掌握实验仪器设备的性能和使用方法前提下规范使用（养成事先阅读说明书的好习惯）。使用压力容器（如高压灭菌锅等）时，须熟悉操作要求，时刻注意观察压力表，控制在规定压力范围内，以免发生危险。注意安全用电，电气设备使用前应检查有无绝缘损坏、接触不良或地线接地不良，故障电器应及时标记，并尽快上报维修。实验室应保持良好的通风条件，时刻注意实验室中水、电、气和火等方面的使用规范及安全要求，实验室必须配备消防器材，实验人员要熟悉并掌握其使用方法。

　　6. 垃圾分类存放　有毒易污染的实验废液应严格分类倒入专门的废液回收器内，其他垃圾也应严格按照规定分类放入标记明显的垃圾桶内，定期送至指定地点集中处理。

　　7. 实验室环境卫生　实验室中产生的废液、废物应集中规范处理，不得任意排放，严禁弃物于洗涤槽内。所有废弃的微生物培养物以及被污染的玻璃器皿等物品均应先消毒灭菌处理，例如，消毒水浸泡过夜、煮沸或高压蒸汽灭菌等，然后再清洗处置。实验器具用完后应及时清洁并归位，玻璃器皿等容器应洗净倒置，摆放于固定位置。

　　8. 实验室值日　安排值日，值日生负责监督各实验台的卫生，打扫并保持实验室环境卫生，垃圾严格分类倾倒，离开实验室前检查水、火、电、气及门窗等以确保安全，并通报实验室安全负责人。

参 考 文 献

沈萍，陈向东，2007. 微生物学实验 [M]. 4版. 北京：高等教育出版社.

陈三凤，刘德虎，2011. 现代微生物遗传学 [M]. 2版. 北京：化学工业出版社.

陈珊，2011. 微生物学实验指导 [M]. 北京：高等教育出版社.

陈士瑜，1999. 菇菌生产技术全书 [M]. 北京：中国农业出版社.

陈玮，叶素丹，2017. 微生物学及实验实训技术 [M]. 2版. 北京：化学工业出版社.

付洪兰，2004. 实用电子显微镜技术 [M]. 北京：高等教育出版社.

傅金泉，1987. 传统的发酵食品——甜酒酿 [J]. 酿酒（5）：13-14.

高海春，吴根福，2015. 微生物学实验简明教程 [M]. 北京：高等教育出版社.

郭素枝，2008. 电子显微镜技术与应用 [M]. 厦门：厦门大学出版社.

洪坚平，来航线，2005. 应用微生物学 [M]. 北京：中国林业出版社.

黄秀梨，辛明秀，2008. 微生物学实验指导 [M]. 2版. 北京：高等教育出版社.

姜彬慧，李亮，方萍，2011. 环境工程微生物学实验指导 [M]. 北京：冶金工业出版社.

梁新乐，李余东，张蕾，等，2014. 现代微生物学实验指导 [M]. 杭州：浙江工商大学出版社.

罗洪江，1992. 根瘤菌的分离培养与观察实验 [J]. 生物学通报（9）：45-46.

闵航，2011. 微生物学 [M]. 杭州：浙江大学出版社.

萨姆布鲁克，拉塞尔，2002. 分子克隆实验指南 [M]. 3版. 科学出版社.

沈萍，2016. 微生物学 [M]. 8版. 北京：高等教育出版社.

沈萍，陈向东，2018. 微生物学实验 [M]. 5版. 北京：高等教育出版社.

盛祖嘉，2007. 微生物遗传学 [M]. 3版. 北京：科学出版社.

史晓霞，师尚礼，杨晶，等，2006. 豆科植物根瘤菌分类研究进展 [J]. 草原与草坪（1）：14-19.

宋渊，2012. 微生物学实验教程 [M]. 北京：中国农业大学出版社.

谭志琼，张荣意，2017. 农业微生物学实验指导 [M]. 北京：中国农业出版社.

王贺祥，2014. 食用菌栽培学 [M]. 北京：中国农业大学出版社.

王庆亚，2010. 生物显微技术 [M]. 北京：中国农业出版社.

咸洪泉，郭立忠，李树文，2018. 微生物学实验 [M]. 北京：高等教育出版社.

徐德强，王英明，周德庆，2019. 微生物学实验教程 [M]. 4版. 北京：高等教育出版社.

闫淑珍，陈双林，2012. 微生物学拓展性实验的技术与方法 [M]. 北京：高等教育出版社.

杨新美，1988. 中国食用菌栽培学 [M]. 北京：农业出版社.

杨星宇，2010. 生物科学显微技术 [M]. 武汉：华中科技大学出版社.

于淑萍，2015. 应用微生物技术 [M]. 3版. 北京：化学工业出版社.

张松，2006. 食用菌学 [M]. 广州：华南理工大学出版社.

张祥翔，2015. 现代显微成像技术综述 [J]. 光学仪器，37（6）：550-560.

张小凡，2013. 环境微生物学 [M]. 上海：上海交通大学出版社.

章晓中，2006. 电子显微分析 [M]. 北京：清华大学出版社.

赵斌，何绍江，2002. 微生物学实验 [M]. 北京：科学出版社.

赵斌，2013. 微生物学实验教程［M］. 北京：高等教育出版社.

赵玉萍，方芳，2013. 应用微生物学实验［M］. 南京：东南大学出版社.

质量技术监督行业职业技能鉴定指导中心，2014. 质量技术监督基础［M］.2 版. 北京：中国质检出版社.

周德庆，2011. 微生物学教程［M］.3 版. 北京：高等教育出版社.

周德庆，徐德强，2013. 微生物学实验教程［M］.3 版. 北京：高等教育出版社.

周俊初，2009. 微生物遗传学［M］. 北京：中国农业出版社.

Madigan M T，Martinko J M，Parker J，2006. Brock Biology of Microorganisms［M］.11th ed. New Jersey：Prentice Hall.

Prescott L M，Harley J P，Klein D A，2005. Microbiology［M］.6th ed. New York：McGraw-Hill.

Snyder L，Champness W，2007. Molecular Genetics of Bacteria［M］.3rd ed. Washington DC：ASM Press.

图书在版编目（CIP）数据

微生物学实验指导/何健主编 . —3 版 . —北京：
中国农业出版社，2021.7（2022.5 重印）
普通高等教育农业农村部"十三五"规划教材　全国
高等农林院校"十三五"规划教材
ISBN 978-7-109-28137-0

Ⅰ.①微…　Ⅱ.①何…　Ⅲ.①微生物学－实验－高等
学校－教材　Ⅳ.①Q93-33

中国版本图书馆 CIP 数据核字（2021）第 066236 号

中国农业出版社出版
地址：北京市朝阳区麦子店街 18 号楼
邮编：100125
策划编辑：刘　梁　责任编辑：宋美仙　文字编辑：刘　梁
版式设计：杜　然　责任校对：刘丽香
印刷：北京印刷一厂
版次：2003 年 3 月第 1 版　2021 年 7 月第 3 版
印次：2022 年 5 月第 3 版北京第 2 次印刷
发行：新华书店北京发行所
开本：787mm×1092mm　1/16
印张：10.75
字数：252 千字
定价：28.00 元